El caballito de mar

Miquel Planas Oliver

Colección ¿Qué sabemos de?

COMITÉ EDITORIAL

Pilar Tigeras Sánchez, Directora
Pía Paraja García, Secretaria
Carlos Duarte Quesada
Beatriz Hernández Arcediano
Rafael Martínez Cáceres
Alfonso Navas Sánchez
José Manuel Prieto Bernabé
Miguel Ángel Puig-Samper Mulero
Javier Senén García

CONSEJO ASESOR

Matilde Barón Ayala
José Borrell Andrés
Elena Castro Martínez
Miguel Delibes de Castro
José Elguero Bertolini
Bernardo Herradón García
Pilar Herrero Fernández
Manuel de León Rodríguez
Eulalia Pérez Sedeño
Amparo Querol Simón

Catálogo general de publicaciones oficiales
http://publicacionesoficiales.boe.es

Diseño gráfico de cubierta: Carlos Del Giudice
Fotografía de cubierta: © Ovidiu Iordachi/iStock/
  Thinkstock

© Miquel Planas Oliver, 2014
© CSIC, 2014
© Los Libros de la Catarata, 2014
  Fuencarral, 70
  28004 Madrid
  Tel. 91 532 05 04
  Fax. 91 532 43 34
  www.catarata.org

isbn (csic): 978-84-00-09815-5
isbn (catarata): 978-84-8319-920-6
nipo: 723-14-079-0
depósito legal: M-16.376-2014
ibic: PDZ/PSVW1

Este libro ha sido editado para ser distribuido. La intención de los editores es que sea utilizado lo más ampliamente posible, que sean adquiridos originales para permitir la edición de otros nuevos y que, de reproducir partes, se haga constar el título y la autoría.

Índice

PRÓLOGO, por Ángel Guerra Sierra 7

CAPÍTULO 1. Iconos mitológicos
y de la biodiversidad marina 11

CAPÍTULO 2. Unos peces muy curiosos
y muchas cosas más... 19

CAPÍTULO 3. Enamoramientos
y machos embarazados 33

CAPÍTULO 4. Origen: precursores y fósiles 47

CAPÍTULO 5. Especies en el mundo 59

CAPÍTULO 6. Especies de las costas europeas 72

CAPÍTULO 7. Explotación de poblaciones salvajes:
la medicina china y otros usos 81

CAPÍTULO 8. Especies protegidas. ¿Qué podemos hacer por ellas? 89

CAPÍTULO 9. Investigación y cría en cautividad 106

GLOSARIO 121

BIBLIOGRAFÍA 125

Prólogo

A comienzos del siglo XXI resulta un "lugar común" afirmar que la biodiversidad de nuestro planeta está amenazada. A menudo es la pérdida de las grandes especies de mamíferos lo que llama más la atención: quedamos profundamente conmovidos por la desaparición de animales carismáticos como los osos pandas, los tigres o los elefantes, pero somos menos conscientes de que muchos organismos, menos famosos, también están desapareciendo. Y si eso es así entre los animales terrestres, lo es más todavía cuando se trata del mundo marino, porque ese ambiente, a pesar de ser el más común de la Tierra, nos es menos conocido.

Los mares y océanos también tienen sus especies emblemáticas, pero, nuevamente, se trata de animales de gran tamaño como, por ejemplo algunas especies de tortugas, ballenas y delfines, e, incluso, de calamar gigante. Sin embargo, hay una criatura diminuta en comparación, que habita en nuestros océanos, la cual, a juzgar por su atractivo para los seres humanos, puede considerarse una especie con el carisma suficiente para acercar nuestra atención hacia la necesidad de la conservación y protección de las especies y los ecosistemas marinos: los caballitos de mar. También ellos son criaturas amenazadas.

Estos peces sin escamas, que nadan erguidos, enrollan su rizada cola alrededor de plantas y otros objetos enhiestos y fijos al sustrato, y que en lugar de boca poseen una trompa para alimentarse de diminutos organismos del plancton son, además, enigmáticas. ¿Por qué? Porque atesoran características biológicas muy peculiares, que no voy a develar aquí, y que el lector encontrará excelentemente expuestas en este libro.

Hay varias especies de caballitos de mar en todos los mares y océanos del mundo. Y, por varias razones, entre las que no son menos importantes sus supuestas propiedades medicinales ni sus gracias ornamentales en los cada vez más abundantes acuarios públicos y privados, se ha desatado una demanda inusitada por estos indefensos, tranquilos y asequibles animales marinos en las últimas décadas. También encontrará el lector sorprendentes y sabrosos datos sobre el comercio internacional de los caballitos de mar en la obra que estoy prologando.

Pero, a pesar del brutal incremento del comercio que se cierne sobre estos vulnerables pececillos, quizá las mayores amenazas procedan de otras fuentes. De hecho —como Miquel Planas Oliver muestra a lo largo de estas páginas—, la destrucción de sus hábitats naturales, como lechos vegetales marinos, manglares o arrecifes de coral, ya sea por contaminación o sobreexplotación, son impactos ambientales que las especies no están pudiendo soportar, y sus poblaciones declinan sin contemplación. Por ello, la Convención sobre el Comercio Internacional de Especies Amenazadas ha calificado a los caballitos de mar como organismos al borde de la extinción.

Para conservar y proteger una especie de los riesgos apuntados anteriormente lo primero que se debe procurar es conocer lo mejor posible sus características biológicas y sus respuestas ante congéneres y condiciones ambientales. El doctor Planas y sus colaboradores llevan realizando estudios sobre estos aspectos desde hace años, y su sabiduría se aprecia en la lectura de este libro, en el que, con un estilo sencillo y al alcance de todos, se exponen conocimientos científicos de envergadura.

Sin embargo, conocer la biología y la ecología de una especie no es suficiente para procurar su recuperación; se necesita, además, desarrollar otras vías. Y el autor de esta obra eligió una: tratar de cultivarla en condiciones confinadas. El éxito llegó tras años de esfuerzo y abnegación. Ahora ya salen de las modestas instalaciones del Instituto de Investigaciones Marinas (CSIC, Vigo), con diferentes destinos, caballitos de mar criados totalmente aquí. Se puede pensar en un futuro con extensas repoblaciones, pero para ello harán falta cabezas, manos y financiación apropiada. También será precisa una decidida acción por parte de las autoridades competentes a fin de reconstruir muchos hábitats destruidos y proteger otros amenazados. ¿Llegaremos a verlo? Tengo la esperanza de que sea así. En el interludio, me cabe el honor de servir de antesala a una obra con la que estoy seguro de que los lectores disfrutarán y quedarán perfectamente informados. Y todo de la mano de mi amigo y colega el doctor Miquel Planas Oliver, con quien tantas aficiones y horas de trabajo comparto.

Ángel Guerra Sierra,
profesor de investigación (CSIC, Vigo)
Vigo, 24 de mayo de 2014

CAPÍTULO 1
Iconos mitológicos y de la biodiversidad marina

Desde que inicié mi investigación con estos fascinantes seres, con frecuencia muchos de mis amigos, conocidos o perfectos desconocidos han puesto cara de sorpresa, acompañada de una sonrisa más o menos amplia, al enterarse de que mi trabajo como científico estaba dedicado a estos peces. La mayoría, mientras abrían con incredulidad sus ojos de par en par, exclamaban alguna frase corta como: "¡Qué guayyy!", "¡Qué chuuulo!" o "¡Qué boniiito!". Otros llegaron más lejos en sus comentarios, señalándome *la inmensa suerte que tengo por trabajar con estos animales*, cosa que, por otro lado, yo ya sabía. Hay un tercer grupo en el que incluyo a aquellos que te miran como si estuvieran poseídos y que, con cara de escepticismo, te sueltan una frase lapidaria, sin miramientos ni rodeos, que podemos resumir en algo como: "Y eso... ¿se come?". O, peor aún: "Y eso... ¿para qué sirve?". Si tengo que ser sincero, debo decir que a nadie le gusta que se ponga en duda el interés del trabajo que uno realiza. Sin embargo, tengo que aceptar que son precisamente esos comentarios escépticos los que más motivan. Aportar respuestas acertadas no es fácil y mucho menos conseguir un cambio de opinión en el incrédulo o, al menos, un cierto interés. Finalmente, tenemos a los que se limitan a preguntar: "Pero... ¿aquí también hay caballitos de mar?".

Como no tiene el menor interés para el lector, y para mí tampoco, hacer un estudio estadístico de las respuestas recibidas, me limitaré a concluir que, de un modo un otro, el conocimiento que el gran público tiene en general de los caballitos de mar es muy inferior a lo que cabría suponer. Mientras unos buscan simplemente la practicidad (se come o sirven para algo), otros se quedan embelesados con ese halo de fascinación (qué guay o qué chulos) que estos animales provocan por sus mitos y sus formas tan esbeltas, nada comparables a las de otros animales.

Sin lugar a dudas, el caballito de mar es uno de los seres vivos que más ha atraído la atención de los humanos. La fascinación por estos animales ya se puso de manifiesto en civilizaciones antiguas a través de representaciones, generalmente de tipo artístico, de seres que semejan monstruos marinos con cuerpo y cola de pez y cabeza de caballo. Se trata de figuras que fácilmente nos recuerdan a los caballitos de mar actuales, criaturas tan populares hoy en día como en la mitología antigua.

A los caballitos de mar también se les conoce con el nombre de hipocampos, una palabra que procede del griego (ἱππόκαμπος) y que significa "caballo curvado" (*hippo*-ἵππος, "caballo" + *kamp(ylo)*-καμπύλος, "curvado"). En lenguaje científico se les denomina con un nombre similar, *Hippocampus*, género de peces en el que se incluyen las más de 35 especies de caballitos de mar conocidas hasta hoy y repartidas por todos los mares templados y tropicales. El encanto de estas criaturas marinas ha originado mitos y leyendas desde la antigüedad, pero sobre todo en las civilizaciones griega, fenicia, etrusca y romana. Para los griegos, en la palabra *Hippokampos* se incluían criaturas, todas ellas mitológicas, que tienen como característica común poseer una parte anterior con forma de animal terrestre y una cola de pez con forma de serpentina. Entre otras podemos incluir el *Leokampos* (león con cola de pez), el *Pardalocampos* (leopardo con cola de pez), el *Taurokampos* (toro con cola de pez) y el *Aigikampos* (cabra con cola de pez). De una manera u otra, todos ellos nos recuerdan a las sirenas. Tradicionalmente la representación de un *Hippokampos* consiste en una parte anterior con forma de caballo y una posterior con forma de pez o de monstruo marino.

Durante varios miles de años el poder de inspiración y la imaginación de estas culturas mediterráneas han quedado bien reflejados en mosaicos, esculturas, pinturas e incluso monedas, donde aparecen seres con cabeza de caballo en su parte delantera y cuerpo en espiral, dotados de escamas, cola de pez y en algunos casos hasta de alas. A veces se ha alcanzado un nivel casi divino. El bien conocido Poseidón, dios del mar para los griegos, y su homólogo Neptuno (de los romanos) frecuentemente aparecieron representados montando un hipocampo. Según los poemas de Homero, Poseidón surcaba el mar montado en un carro tirado por veloces caballos muchas veces representados en su parte posterior con colas de pez.

De la Antigüedad hemos heredado maravillosas obras artísticas con caballitos de mar, algunas con una historia tortuosa, como la de un broche de oro y cristal del siglo VI a.C. descubierto en Anatolia, pieza que fue robada en 1965 de la tumba del rey lidio Croesus y que actualmente ocupa un lugar de honor en el Museo de Uşak (Turquía). Esta joya es la primera representación física conocida de un caballito de mar. Dos siglos menos de antigüedad tiene una moneda fabricada en la ciudad fenicia de Tiro y descubierta en 1981 en el valle de Yizre'el, en Galilea. En ella se representa al dios fenicio Melqart cabalgando sobre las olas en un hipocampo alado. Estas representaciones indican que los caballitos de mar se consideraban un símbolo de fortuna, poder y fuerza.

La expansión del Imperio romano permitió la diseminación de su cultura y de sus mitologías por Europa, lo que contribuyó a que se realizaran magníficas obras de arte como los baños romanos de Bath (Inglaterra) o los baños de Neptuno en Ostia Antica (Italia), en los que aparecen mosaicos con caballitos de mar mitológicos. Más tarde, en la época medieval, y especialmente en el Renacimiento, aparecen caballitos de mar de aspecto mitológico o reales como emblemas heráldicos en escudos o blasones de personas y lugares vinculados al mar. Las imágenes de caballitos de mar también fueron habituales en el arte del post-Renacimiento, como en la Fontana de Trevi en Roma, llegando hasta nuestros días más frescas que nunca al formar parte de toda una serie de artículos decorativos, educativos, turísticos o culturales.

Dejando al margen la presencia de los caballitos de mar, con formas más o menos mitológicas, en el patrimonio histórico de las artes de civilizaciones antiguas y también modernas, su legado más importante ha llegado hasta hoy con su presencia en nuestras costas.

Estos singulares animales constituyen verdaderos iconos de la biodiversidad marina no tanto por su relevancia en los ecosistemas marinos, que es más bien reducida, ni por su valor como especie de interés para la alimentación humana, sino por sus características biológicas, casi únicas, y por su gracilidad, docilidad y elegancia. No son animales importantes ni como cazadores marinos ni como alimento para otros seres vivos; tampoco se podrían considerar esenciales en la cadena trófica marina. Sin embargo, atraen y cautivan a todo el mundo, a mayores y especialmente a pequeños.

Dado que los caballitos de mar de nuestras costas no son objeto de una explotación comercial sistemática ni son componente de la alimentación humana, cabe preguntarse qué interés tiene dedicar recursos de todo tipo para el estudio de estos animales. La respuesta a esta pregunta no es única, ya que hay varios aspectos que hacen que estos organismos marinos constituyan un tema de interés tanto para la ciencia como para la sociedad, por razones de distinta índole que seguidamente se abordarán.

Uno de los ámbitos en el que tienen un interés especial es el de la investigación. El género *Hippocampus* se originó en la región del Indo-Pacífico y cuenta con una antigüedad de casi 20 millones de años, aunque algunas especies tienen un origen mucho más reciente. Desde la aparición de sus predecesores en la escala evolutiva, se produjeron unos cambios muy significativos, hasta tal punto que se desarrollaron unas características biológicas, fisiológicas y ecológicas absolutamente fascinantes para un científico. Tanto es así que en muchos aspectos difieren de manera asombrosa de la mayoría de las especies de peces y esas peculiaridades los convierten en especies únicas en el mundo marino. Su forma y morfología, su manera de nadar, su esqueleto y, sobre todo, su tipo de reproducción son características absolutamente asombrosas. Su comportamiento sexual es único entre los peces, ya que son los machos los que mantienen en un saco especial los huevos fecundados que en él deposita la hembra, y allí se produce el desarrollo de los embriones y de los futuros caballitos de mar en tamaño miniatura. Por otro lado, ¿quién no ha oído hablar de la famosa fidelidad de los caballitos de mar? En efecto, la monogamia también constituye un rasgo característico, aunque no todas las especies funcionan igual y no siempre es permanente, especialmente en condiciones de cautiverio.

Un aspecto en el que se ha centrado más recientemente el interés de la ciencia es en el campo de la cría en cautividad. Esta actividad supone un verdadero aliciente para los investigadores, ya que hace muy poco tiempo que se iniciaron estudios sobre ello, lo que por un lado supone una dificultad, puesto que el nivel de conocimiento es escaso, y, por otro, aumenta la expectativa de los investigadores, pues muchos de los descubrimientos que se realizan suponen una aportación novedosa al conocimiento.

Todos estos alicientes han hecho, aunque paradójicamente no se les haya prestado mucha atención hasta hace poco, que en la actualidad sean objetivo de numerosos estudios en distintas áreas de la ciencia, lo que ha potenciado el desarrollo de proyectos enfocados al estudio de las poblaciones salvajes y a su recuperación.

En el ámbito de la acuariofilia, los caballitos de mar están comenzando a considerarse como peces de interés debido a su atractivo y a su valor económico individual. El precio de un ejemplar puede llegar a superar los 500 euros en el caso de ciertas variedades y, aunque en la mayoría de los casos el precio unitario sea bastante inferior, sigue siendo muy alto comparado con el de otras especies habituales de los acuarios domésticos o profesionales. El comercio mundial de caballitos de mar cultivados está en franca expansión; existen algo más de una veintena de proyectos empresariales, ubicados principalmente en las costas australianas, asiáticas y norteamericanas. El nivel de producción de estas empresas, que suelen centrar su actividad en especies asiáticas y caribeñas (*H. abdominalis*, *H. barbouri*, *H. kuda*,

H. reidi, H. erectus, etc.), junto con el control de su comercio internacional ejercido por el organismo CITES, ha posibilitado que las exportaciones actuales de caballitos de mar producidos en cautividad representen más del 97% de la exportaciones totales sometidas a control. La mayoría de ellas se realizan fundamentalmente a América del Norte, Europa, Japón y Taiwán.

Aunque en la mayoría de los países desarrollados o de cultura que podríamos llamar occidental los caballitos de mar que se comercializan tienen como único destino un acuario, no ocurre lo mismo en ciertas culturas asiáticas, como la china, país donde gozan de una gran popularidad por su uso en la gastronomía y en la medicina tradicional. Tanto es así que hasta incluso se les atribuyen poderes afrodisíacos. Si bien muchas de estas creencias son infundadas, lo cierto es que el mercado de los caballitos de mar ha aumentado espectacularmente, llegando incluso a superar los 20 millones de ejemplares en las capturas anuales más recientes. Este mercado tampoco es despreciable desde un punto de vista económico, como lo indica el que 1 kg de caballitos secos se puede pagar a más de 700 euros en el mercado de Hong Kong.

Dejando al margen todos los aspectos con implicaciones científicas o económicas, los caballitos de mar tienen un gran potencial como herramienta para el fomento de la educación medioambiental de los ciudadanos. Sin lugar a dudas, por su enorme atractivo es posible alertar y sensibilizar a la población en general y a los más jóvenes en particular sobre los grandes problemas que la naturaleza debe afrontar en los próximos años en un mundo cada vez más deteriorado, en el que nuestros mares sufren de manera especial los elevados niveles de contaminación y de destrucción originada por el ser humano. En una coyuntura tan poco esperanzadora, los caballitos de mar no solo pueden ser utilizados con fines educativos, sino también para el desarrollo de actividades de concienciación relacionadas con la degradación de nuestro planeta y con la conservación de la biodiversidad marina. En este sentido, resulta esencial el papel que pueden y deben desempeñar los grandes acuarios, tanto públicos como privados, las instituciones educativas y científicas y todo tipo de asociaciones/organizaciones implicadas en la defensa y protección de la naturaleza, sin olvidar la aportación más accesible para todos, la del propio seno familiar.

CAPÍTULO 2
Unos peces muy curiosos y muchas cosas más...

Por si alguien lo desconoce, tal vez sea conveniente recordar que los caballitos de mar son peces. Eso sí, más allá de todo ese simbolismo y misticismo que gira a su alrededor, se trata de unos peces muy peculiares en comparación con la idea que se tiene de un *pez normal* como puede ser una sardina o un pez payaso como el famoso Nemo. Los que hayan tenido la oportunidad de tener un hipocampo vivo en sus manos habrán podido comprobar que su cuerpo es suave y resbaladizo, como si estuviera cubierto de una fina capa de gelatina, y que no tiene escamas. Estas características son comunes a todas las especies de signátidos, o lo que es lo mismo, de la familia Syngnathidae, a la que pertenecen los *Hippocampus*. En esta familia también se incluyen los peces pipa (de cuerpo alargado) y los increíbles dragones de mar, que figuran entre los seres marinos más espectaculares. Al igual que la mayoría de componentes de la familia, los caballitos de mar se distribuyen por la mayoría de mares tropicales y templados del mundo, aunque con mayor abundancia en las costas australianas, un verdadero santuario para estas especies. Aunque pueden establecer poblaciones más o menos densas en muchas zonas, generalmente no es así. Su distribución y abundancia depende de la existencia de un hábitat adecuado y de aspectos como la capacidad de camuflaje, la talla, la disponibilidad de alimento o el comportamiento reproductor.

Tal vez lo primero que sorprende de ellos sea su forma, una especie de híbrido elegante entre un pez y un caballo, que determina su modo de vida y su biología. Su esqueleto es rígido y está constituido por placas óseas que hacen que la estructura corporal pueda considerarse una verdadera armadura. Muchas de esas placas están imbricadas entre sí, lo que confiere una cierta flexibilidad al cuerpo. El diseño de estas placas es tan curioso que hasta ha servido de modelo para el diseño de elementos decorativos e incluso para fines más prácticos como el desarrollo de prótesis o piezas ortopédicas. Obviamente, nadie se imagina a un caballero de la Edad Media corriendo una final olímpica de velocidad y ganándola. Algo parecido sucede con los caballitos de mar. Si bien su *armadura* les protege de alguna manera de posibles predadores, no les permite realizar movimientos rápidos ni duraderos, de ahí que las zonas que ocupan en su vida cotidiana tengan una extensión limitada de apenas unos cientos de metros cuadrados. Estamos hablando, pues, de auténticos residentes de nichos ecológicos con unas características determinadas en los que pueden satisfacer prácticamente todas sus necesidades.

Por supuesto, un pez tan lento en sus movimientos estaría permanentemente expuesto a formar parte del menú diario de algunos vecinos. ¿Cómo resuelven los hipocampos este problema? Lo hacen, o al menos lo intentan, de dos maneras: evitando grandes desplazamientos y camuflándose (sí, ¡pueden cambiar de color como los camaleones!) con el entorno en el que viven. Aunque a veces prefieren moverse en zonas con poca cobertura vegetal, por lo general suelen establecerse en hábitats más o menos densos de vegetación, lo que disminuye las posibilidades de ser descubiertos y pasar a ser digeridos por los jugos biliares del predador. Esta podría ser también una de las razones por las que la mayoría de especies de caballitos de mar habitan zonas poco profundas, cercanas a la costa, donde la vegetación es más intensa. Aunque no los veamos (recordemos que pueden mimetizarse muy bien), seguramente ellos están ahí, donde proliferan las algas de gran tamaño, entre las cuales pueden pasar más desapercibidos. Estas zonas cubiertas de algas no solo ofrecen protección, sino que suponen una gran despensa de alimento, ya que en ellas prolifera el zooplancton, es decir, todos esos organismos de pequeño tamaño que viven a expensas de las corrientes y que constituye un componente fundamental de la dieta de los caballitos de mar.

FIGURA 1

Grupos de peces incluidos en la familia Syngnathidae.

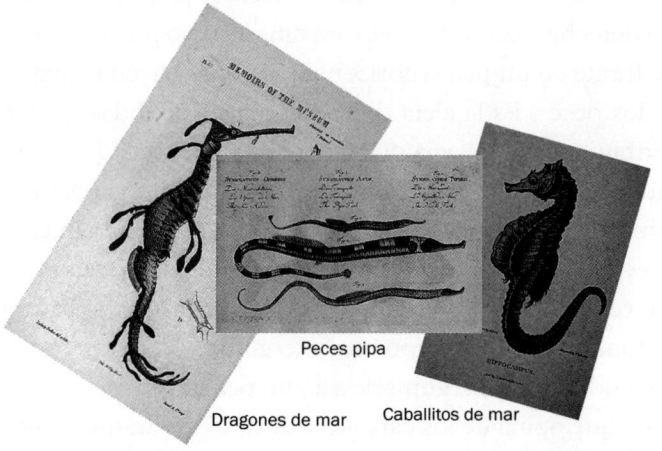

Muy bien, ya sabemos dónde viven y qué comen, pero aún no hemos dicho nada sobre los posibles interesados en alimentarse de caballitos de mar. Afortunadamente para estos, no se puede decir que sean muy jugosos o apetitosos si tenemos en cuenta que son una especie de armadura de huesitos con una cubierta de piel y poquita carne. Aun así, en el mundo animal no se desaprovecha nada, por lo que los caballitos de mar también tienen sus predadores, aunque no demasiados. Una vez descubiertos, poco pueden hacer para escapar; nadan lentamente y no recorren grandes distancias, por lo que pueden ser una presa fácil (lo de apetecible ya es otra cosa) para cualquier pez carnívoro hambriento o para esos moluscos tan divertidos que tienen las patas en la cabeza como son los pulpos.

Otro hecho que hace que los caballitos de mar no sean buenos nadadores es que carecen de algunas de las aletas que sí tienen la mayoría de los peces. No tienen aleta caudal, ni aletas ventrales ni segunda dorsal. Además, las aletas que sí tienen son muy pequeñitas. Si a eso unimos su postura casi siempre erguida, entenderemos por qué solo pueden moverse en un sentido vertical, hacia arriba o hacia abajo, o realizando giros a derecha e izquierda, pero en ningún caso pueden avanzar de frente en un plano horizontal tal como hacen la mayoría de los peces. Es la aleta dorsal, la mayor de todas, la que les permite moverse hacia delante o atrás mientras que, para ascender o descender en el agua, usan las dos aletas pectorales, situadas por debajo de la cabeza. Aunque generalmente se mueven de manera libre en la columna de agua, tampoco es raro verlos avanzar en fondos arenosos, arrastrando la cola por el fondo y con el cuerpo medio erguido.

Si pudiéramos preguntarle a algún pez muy activo, como un atún, qué opina de los caballitos de mar, seguramente nos respondería con una soberana carcajada diciendo: "¡Son unos aburridos!". Y no podríamos quitarle la razón porque, en efecto, además de su restringida capacidad de natación, los caballitos de mar pasan la mayor parte del tiempo agarrados con su cola a un soporte, que habitualmente son macroalgas, aunque también pueden engancharse a cualquier elemento que encuentren a su disposición, como restos de cabos o redes de pesca. A veces aparecen en los sitios más insospechados. Ahora me viene a la memoria un ejemplar que localizamos en el interior de una lata de conservas en una zona no muy pulcra de un puerto pesquero en Galicia.

FIGURA 2
Partes del esqueleto de un caballito de mar y morfología de una hembra y un macho (con el saco incubador visible).

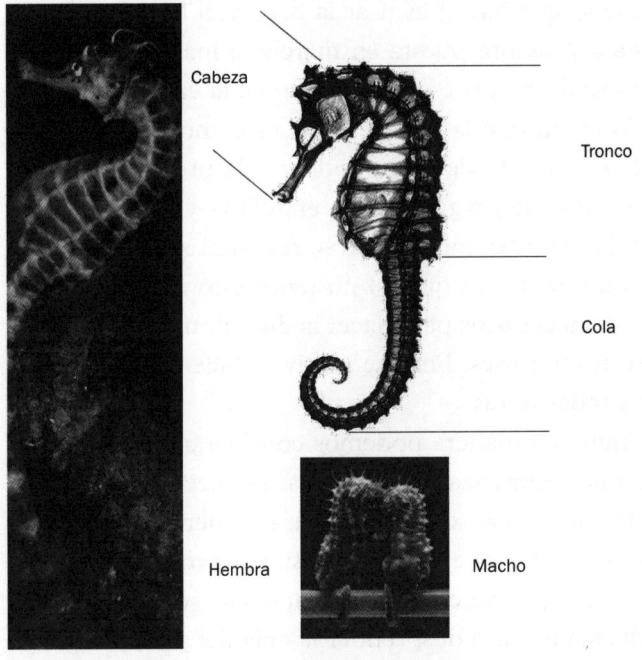

Ya hemos hecho alguna mención a la cola y la cabeza, pero en un caballito de mar podemos diferenciar tres partes principales: cabeza, tronco y cola. En la cabeza hay dos pequeños ojos que pueden moverse de manera independiente uno del otro, lo que les permite una visión de casi 360°, o lo que es lo mismo, observar prácticamente todo lo que ocurre a su alrededor. Ya que no tienen muchas opciones de escape ante posibles enemigos, ello al menos les permite percibir posibles peligros con cierta anticipación. En un extremo de la cabeza nos encontramos con una boca, que nada tiene que ver con la de un pez convencional, ya que no tiene dientes y, lo más característico, está situada en el extremo de un tubo alargado, el hocico. Este se forma por la soldadura de numerosas piezas óseas.

Es interesante ver cómo un hipocampo captura una presa, porque lo que hacen es usar la boca y el hocico como si fuera una aspiradora puesta en marcha a máxima potencia. Primero localizan la presa, luego acercan la cabeza a aquella y, cuando creen que la tienen a tiro, es como si le dieran al botón de encendido de la aspiradora y la presa desaparece como por arte de magia, siendo engullida y pasando a un simple tubo, el intestino, donde se realizará su digestión de manera muy lenta, ya que, al no tener estómago como tal, los enzimas necesarios para hacer la digestión no son ni muy potentes ni eficientes. Por ese motivo, suelen estar alimentándose a todas horas.

De ninguna manera podemos considerar que los caballitos de mar sean cazadores activos. De hecho, podríamos decir que son perezosos incluso para comer. Recuerdo algunas veces en los que una presa estaba cerca del caballito. Este, agarrado por su cola a un alga, la vio, se estiró todo lo que pudo, sin llegar a desprender la cola del alga, pero llegó un momento en que el estiramiento no dio más de sí. Lo lógico sería que soltara la cola del alga para poder ganar esos 2-3 cm que le faltaban para alcanzar la presa, pero no... un caballito de mar es mucho más señorito y no se va a despeinar por un bocado de comida. Lo mejor es quedarse como está y esperar, que ya pasará otro *plato* más próximo en otro momento.

En la parte superior de su cabeza suele haber un saliente denominado coronilla, en cuyo alrededor hay un número variable de pequeños salientes que semejan espinitas y que son características de cada especie. En algunas de ellas, la parte posterior de la cabeza tiene unos pedúnculos a modo de cirros que se extienden hacia la parte dorsal del tronco y que dan un aspecto de melena al aire, aunque en este caso sería al agua.

En el tronco podemos diferenciar una especie de costillas duras que protegen la mayoría de los órganos del pez. En el caso de los machos, por debajo de la última costilla, en la zona ventral, se localiza un saco con una función importantísima para la reproducción, como veremos más adelante.

Finalmente, diferenciamos una cola que, de manera semejante al tronco, aparece anillada en toda su longitud. El número de anillos del tronco y de la cola son característicos de cada especie y en algunos casos puede utilizarse para diferenciar unas de otras. La cola, además de servirles para agarrarse, también desempeña su papel en la reproducción, pero no adelantemos acontecimientos.

Aunque se pueda hablar de caballitos de mar en general, existen diferentes especies que se diferencian no solo por su biología, sino también por su morfología. Actualmente hay ciertas discrepancias sobre el número real de especies que existen en el mundo. Esto es así porque siguen apareciendo especies nuevas, algunas descubiertas muy recientemente, y porque existen ciertas dudas sobre si algunos ejemplares pertenecen a una u otra. En los últimos 10 años se ha descubierto una decena, la mayoría de ellas son de muy pequeño tamaño y se denominan caballitos de mar pigmeos, ya que no suelen alcanzar los 2 cm de longitud, lo que es francamente poco comparado con las especies de gran talla como *Hippocampus abdominalis*, especie de aguas australianas que puede superar los 30 cm de longitud. La primera especie descubierta de caballito de mar pigmeo fue *H. barbiganti*. Las especies pigmeas viven en Indonesia, Filipinas, Japón, Papúa Nueva Guinea, Australia, Malasia y Nueva Caledonia, en zonas de coral, y tienen un mimetismo extraordinario con el medio que les rodea, de tal modo que los hace prácticamente invisibles. Por eso, y por vivir en zonas mucho más recónditas, de hasta 85 m de profundidad, descubrirlos no ha sido tarea fácil, hasta tal punto que el primer ejemplar pigmeo no se encontró en la naturaleza, sino en el laboratorio, al examinar unas muestras de gorgonias que se habían extraído del mar para ser posteriormente analizadas en tierra. En el mundo científico, el azar siempre ha jugado un papel nada despreciable.

Los caballitos de mar son animales diurnos en su mayoría. Durante la noche permanecen *durmiendo* (con los ojos abiertos, como todos los peces) o perezosos, agarrados a algún soporte, mientras que durante el día pueden realizar pequeños desplazamientos para encontrarse con otros ejemplares de su especie o para alimentarse. Generalmente los encontraremos en zonas muy concretas cercanas a la costa, creando pequeñas poblaciones en las que suelen establecerse formando parejas. Esa fidelidad a su hábitat no es permanente, ya que, aunque la información disponible es muy escasa, sabemos que en ciertos periodos del año pueden realizar migraciones a otras zonas. En invierno, cuando las condiciones del mar empeoran por los temporales y los fondos vegetales se destruyen total o parcialmente, suelen desplazarse a zonas más profundas para buscar una mayor protección. Los ejemplares más jóvenes, a los que se les suele denominar juveniles, no comparten el mismo hábitat que los adultos y no es hasta cierta edad (un año o más) cuando se desplazan definitivamente para vivir en las zonas habitadas por los adultos.

En el mundo de los peces hay una gran variedad de tipos de alimentación. Podemos encontrar especies vegetarianas, como la sardina, que suelen alimentarse de fitoplancton, es decir, de microalgas. También tenemos los peces omnívoros o detritívoros, que tienen una dieta variada, en la que se incluyen todo tipo de desechos o restos tanto animales como vegetales. Finalmente, tenemos el grupo de los carnívoros, al que pertenecen los caballitos de mar, que se alimentan básicamente de crustáceos de pequeño tamaño. Aunque no lo parezca los hipocampos son animales muy voraces, hasta tal punto que pueden capturar presas más grandes que su boca y que en ocasiones a duras penas son capaces de ingerir. A veces hemos tenido que ayudar a desatascar la boca de un hipocampo, cuya gula fue tal que intentó ingerir una presa mucho mayor de lo que era capaz. El resultado era esperable: caballito atragantado con una presa atrapada en la boca sin posibilidad de ser escupida ni ingerida. Así que en esos casos no queda otra que recurrir al uso de unas pinzas para sacar el bocadillo atascado en la boca del hipocampo glotón. Por cierto, glotones, pero no a cualquier precio. No comen cualquier cosa, y si algo no les gusta una vez que lo tienen en la boca, lo escupen sin mayores miramientos.

Aunque coman mucho e incesantemente, la eficiencia de su digestión no es muy grande, así que aprovechan poco el alimento. Afortunadamente, tienen un metabolismo poco activo, ya que al permanecer perezosos gran parte del tiempo, la energía que necesitan es mucho menor que la que requiere un pez pelágico que está permanentemente nadando. Esto es lo que sucede en los adultos o ejemplares jóvenes de cierta talla, pero en los recién nacidos la situación es muy diferente, como ya se verá, no solo en lo que concierne a la alimentación, sino también en otros aspectos de la biología.

Tal como ocurría con los tipos de alimentación, la reproducción de los peces puede ser de diferentes formas, aunque predomina lo que se denomina oviparismo. En este, los machos liberan el esperma en el agua al mismo tiempo que las hembras hacen lo propio con los huevos. En ese momento, se produce la fecundación de los huevos, que quedan a merced de las corrientes de agua durante un tiempo que es muy variable entre las especies y que no suele ser inferior a cuatro o cinco días. A veces los huevos no son pelágicos, es decir, no flotan, sino que caen directamente al fondo del mar. Es lo que se denomina huevos demersales. Una vez transcurrido ese periodo de tiempo, durante el cual se realiza la embriogénesis, la formación y desarrollo del embrión culminará en el nacimiento de una larva de pequeño tamaño con un aspecto muy diferente al de sus progenitores. Habitualmente las larvas de peces nacen ciegas, poco activas y con el tubo digestivo cerrado. A medida que avanzan en su desarrollo, los ojos se van pigmentando, se abren la boca y el ano y comienzan a nadar activamente. En ese momento las larvas están preparadas para iniciar el aprendizaje de la caza y la alimentación externa sobre presas de pequeño tamaño que encuentran en el zooplancton. Este proceso de desarrollo suele realizarse en unos pocos días en los que la larva, al no estar preparada para la caza, se nutre exclusivamente de lo que se denomina vitelo, alojado en la parte inferior del abdomen en una bolsita denominada saco vitelino. El vitelo es la única fuente de nutrientes (nutrientes endógenos) de que dispone la larva para sus primeros días de vida y se va agotando a medida que transcurre el tiempo. La viabilidad inicial de una larva dependerá fundamentalmente de lo exitosa que sea su adaptación a la alimentación exógena, es decir, a la captura de presas, y de la presencia de predadores en el medio donde viva.

En el caso de los caballitos de mar, los recién nacidos son prácticamente idénticos a los adultos y difieren sustancialmente de las larvas de otros peces, ya que están perfectamente preparadas para cazar, con todos los órganos desarrollados para este fin. Tanto la visión como el aparato digestivo están bien desarrollados en los hipocampos recién nacidos, quienes desde el primer momento muestran una gran actividad de búsqueda de alimento vivo. El aspecto diferencial más notable con respecto a las larvas de la mayoría de peces es que los caballitos de mar recién nacidos carecen de vitelo y por tanto dependen desde su nacimiento de la captura de alimento disponible en el medio. Esto implica que su estado energético empeorará cuanto más tarden en alimentarse suficiente y eficientemente. Sin embargo, la capacidad digestiva de los recién nacidos no está tan desarrollada como en los adultos. Por ejemplo, su capacidad para digerir la quitina, constituyente importante del caparazón de los crustáceos (componentes muy importantes del zooplancton), es muy limitada.

Desde un punto de vista exclusivamente alimentario, para que un recién nacido pueda sobrevivir es necesario que se satisfagan las siguientes condiciones: disponibilidad suficiente de alimento en el medio, capacidad de digestión del alimento ingerido y calidad nutricional adecuada de las presas.

Estos aspectos son muy importantes en ejemplares del medio natural y, como ya se abordará en otro capítulo, son cruciales en el desarrollo de una buena técnica de cría en cautividad. Obviamente, los condicionantes anteriores también son aplicables a los adultos, solo que en estos los requerimientos nutricionales y la capacidad digestiva son menos restrictivos. Los recién nacidos necesitan alimentarse de manera continua y lo hacen con tal voracidad que lo habitual es que muchas presas se excreten vivas o medio moribundas, ya que el tiempo de tránsito intestinal del alimento ingerido (y seguramente la baja capacidad digestiva) no ha sido suficiente largo como para permitir su digestión. Imaginemos por un momento un tubo en el que estamos introduciendo bolas, una detrás de otra, sin interrupción. Si el proceso no se detiene, llegará un momento en el que el tubo se llenará y la introducción de una nueva bola hará que salga la que se introdujo primero, y así continuamente. A veces, atiborrarse de alimento supone una desventaja más que un beneficio, ya que no permite que los enzimas digestivos actúen el tiempo necesario para asegurar una buena digestión.

Ya se ha dicho que la morfología del recién nacido es prácticamente idéntica a la de un juvenil de cierta edad o a la de un adulto. Sin embargo, el modo de vida de unos y otros es bien diferente. Efectivamente, los recién nacidos no se instalan inmediatamente en los fondos marinos agarrándose por su cola a cualquier elemento disponible, sino que tienen una vida pelágica, están nadando constantemente, siempre en busca de alimento. En esta fase de su vida permanecen a merced de las corrientes, pudiendo desplazarse muchos kilómetros. En el caso de la especie europea *H. guttulatus* se ha observado que estas distancias pueden llegar hasta los 800 km. Transcurrido un cierto tiempo de vida, abandonan la vida pelágica y se instalan definitivamente en el fondo.

La duración de la vida pelágica es muy variable entre las distintas especies de caballitos. En *H. abdominalis* dura poco más de un día, mientras que en *H. guttulatus* es de más de tres semanas. Estas diferencias no son insignificantes, ya que pueden tener consecuencias biológicas y de viabilidad importantes. Cuanto más tiempo permanezca un caballito de mar nadando en zonas desprotegidas, mayores son las posibilidades de que sea descubierto y cazado por un depredador. Por lo tanto, la supervivencia será mayor cuanto antes pueda camuflarse entre la vegetación. Estar agarrado a un soporte en medio de la vegetación también permite periodos de descanso, y por lo tanto un ahorro considerable de energía, ya que la actividad se reduce considerablemente. Con ello, el crecimiento es mayor que en los ejemplares que pasan mucho tiempo nadando.

Si comparamos el tamaño de un recién nacido de un caballito de mar con el de un adulto de una especie pigmea, prácticamente no hay diferencias, porque en ambos casos la longitud es ligeramente superior a un centímetro. El crecimiento es muy grande al principio, y va disminuyendo progresivamente a medida que aumenta la edad. Con el aumento de talla se produce un cambio en el tipo de alimentación y en el tamaño de las presas preferidas. Mientras que los recién nacidos ingieren presas en torno a medio milímetro de talla (preferentemente copépodos), los ejemplares adultos de las especies más grandes pueden capturar presas de 5 cm o más (misidáceos, entre otras). Si recordamos la forma de la boca, con ese tubo alargado que funciona como un succionador, comprenderemos rápidamente que, más que la longitud, lo importante es la anchura de la presa. En experimentos realizados en laboratorio se ha podido demostrar que el ataque se hace frontalmente, de manera que la presa queda orientada para entrar mejor en la boca del pez.

La cubierta vegetal de los fondos marinos constituye un magnífico hábitat para estos peces, ya que en ella viven numerosos organismos capaces de formar parte de su dieta diaria. En los mares tropicales o con temperaturas muy homogéneas a lo largo del año la gran variedad y cantidad de alimento disponible para un caballito de mar no supone ningún problema, ya que tanto la abundancia como la densidad de zooplancton se mantienen bastante constantes. En cambio, en mares templados, como los de las costas europeas, se producen cambios drásticos debido a la gran fluctuación de diversos factores como temperatura, nivel de nutrientes, abundancia o diversidad del zooplancton, entre otros. Como la naturaleza es muy sabia, las especies de mares templados han adaptado su ciclo reproductivo a las condiciones medioambientales, de tal manera que la época de reproducción se establece en el periodo de primavera-verano. De esta forma aseguran que los caballitos nazcan cuando más abundante es el alimento, cuando la temperatura es más elevada y cuando las condiciones marinas son menos agresivas. En definitiva, se maximiza la viabilidad de los ejemplares más jóvenes.

Si un juvenil de caballito de mar sobrevive los primeros meses de vida, y sobre todo a la fase de vida planctónica, sus posibilidades de llegar a adulto aumentarán considerablemente, pudiendo vivir un número de años que es diferente para cada especie, pero que podría estar en torno a los tres-cinco años por término medio.

CAPÍTULO 3
Enamoramientos y machos embarazados

Si hay un aspecto de la biología de los caballitos de mar que siempre ha atraído nuestra atención y curiosidad es su modo de reproducción, no exenta de cierto bucolismo y también de algunas inexactitudes. Como muchos peces, machos y hembras son prácticamente idénticos en su morfología, pero no del todo. Hay un pequeño detalle que permite diferenciarlos: el saco incubador que tienen los machos en la parte baja del abdomen, cuyo tamaño es variable dependiendo del momento. Fuera de la época de reproducción, el saco es perceptible, pero de escaso tamaño, apenas una pequeña hinchazón. A medida que se acerca el periodo del año en el que los caballitos de mar se aparean, ese saco va creciendo en tamaño hasta alcanzar una talla muy considerable en algunas especies. En *H. adbominalis* podemos ver un saco inmenso, de color blanco, que destaca de manera espectacular como un globo inflado sobre el resto del cuerpo.

Hasta que no se alcanza un cierto desarrollo, ambos sexos son morfológicamente idénticos, pero a partir de cierta edad comienza a diferenciarse el saco de los machos. Primero se produce esta diferenciación sexual; más adelante, las gónadas de ambos sexos comienzan a desarrollarse, hasta que las hembras ya son capaces de producir huevos, y los machos, el esperma con el que los fecundarán. Es lo que se denomina maduración sexual, a partir de la cual ambos sexos ya son capaces de reproducirse. Ha llegado el momento del enamoramiento y del coqueteo, que en los caballitos de mar no es cualquier cosa.

Cuando se dan ciertas condiciones ambientales, que suelen coincidir con el periodo del año en el que las temperaturas son más elevadas y los días comienzan a ser más largos, los caballitos de mar sacan a relucir sus mejores vestimentas para seducir a sus congéneres. Hasta que no llega ese momento viven sin que ambos sexos se presten demasiada atención. Cada uno va a lo suyo, no se preocupan mucho de su estética y hacen vida bastante independiente. Pero cuando llega el tiempo del amor todo cambia; comienza una temporada de atenciones mutuas y coqueteos interminables que finalmente culminan con el apareamiento. La búsqueda de pareja se vuelve a veces una actividad frenética: los machos se pelean —sin sangre, eso sí— y las hembras intentan escaparse del agobio de los seductores machos, y todo ello se desarrolla en un romántico escenario de interminables paseos por el fondo del mar. Lo habitual es que la época de reproducción dure unos meses, pero hay especies en las que se extiende a todos los meses del año (por ejemplo, *H. abdominalis, H. bargibanti, H. comes, H. kuda, H. spinosissimus, H. trimaculatus*).

Aunque no todas las especies se comportan exactamente de la misma manera para el apareamiento, por lo general, los colores apagados de otros momentos cambian y se vuelven más radiantes, especialmente en las primeras horas del día, poco después del crepúsculo. En la especie europea

H. guttulatus, la piel verdoso-marronácea que predomina en los meses invernales adquiere por momentos una tonalidad mucho más clara, prácticamente plateada, brillante y deslumbrante. Es la señal de que todo está preparado. Si todo sale bien, en no mucho tiempo habrá enlace. Pero que salga bien no es tan sencillo. Mientras las hembras suelen permanecer esperando a su amado con su nuevo pelaje plateado, los machos comienzan una actividad en busca de la hembra más adecuada y atractiva. No se sabe muy bien qué entienden los caballitos de mar por atractivo, pero lo que está más o menos claro es que la búsqueda se suele centrar en ejemplares de talla muy similar o al menos no muy diferente a la del macho conquistador, también engalanado con su nuevo traje plateado. Lo que sucede a partir de ese momento es algo que no tiene parangón en el mundo animal. Una vez que el macho se ha acercado a la hembra, ambos se sitúan en paralelo, a nivel del suelo, moviéndose juntos y arrastrando las colas por el fondo. Sus cabezas se mantienen altaneras, pero con el hocico apuntando hacia el suelo. Mientras se desplazan, las colas de ambos se entrelazan, aunque es la cola del macho la que se enrosca a la de la hembra, como si se tratara de un abrazo de pareja.

Las situaciones de frenesí se mantienen durante unos minutos, a veces menos, y pueden repetirse no solo varias veces al día, sino también en días sucesivos. Es lo que podríamos denominar una etapa de noviazgo en la que ambos miembros se dan los buenos días y tontean por momentos. Es lo que los ingleses llaman *daily greetings*, es decir, saludos del día. Al parecer estos saludos, que también podríamos denominar cortejos, sirven no solo para buscar la aceptación del otro miembro de la pareja, sino también de recordatorio. Es un ritual en el que ambos miembros se recuerdan mutuamente quien es quien, no vaya a ser que aparezca un tercero en discordia en cualquier momento y que acabe con el idilio. Esto último no solo es posible, sino que no es tan infrecuente; al menos, hay machos empeñados sistemáticamente en intentarlo. Otra cosa, bastante más difícil, es que lo consigan. Digo lo de difícil porque suelen ser ellas las que eligen y cuando la decisión está tomada es muy raro que se arrepientan y cambien de pareja. Si lo hacen será porque tienen sus buenas razones y, de entre todas, la más poderosa es que el macho seleccionado haya desaparecido de la escena por muerte o enfermedad. Pero volvamos a la situación en la que aparecen terceros en discordia, siempre machos, eso sí. ¿Es de esperar que el galán principal se cruce de cola y deje que le arrebaten a la bella doncella? En absoluto. Los caballitos machos no tienen armas especiales con las que defenderse, pero son capaces de soltar un golpe de hocico a quien ose interrumpir su cortejo. Un acto así generalmente termina alejando al intruso, lo que no quiere decir que este no vuelva a intentarlo en otro momento. Por otro lado, quien agarra primero, agarra dos veces; de ahí que el macho que tiene su cola agarrando a la de la hembra tenga menos que perder. Esa es posiblemente la razón por la que la cola de los machos es ligeramente más larga que la de las hembras.

Los cortejos se repiten una y otra vez, en días sucesivos. Entre cortejo y cortejo, la piel regresa a su coloración anterior y de nuevo se produce un cambio de vestimenta antes del siguiente cortejo. Pero llega un momento en el que se produce un cambio significativo en esos rituales que se desarrollaban a nivel del fondo a modo de danza. De pronto, el día menos esperado, ambos miembros de la pareja estiran sus cuerpos y comienzan a nadar juntos en la vertical, con los troncos enfrentados, subiendo y bajando en la columna de agua. La hembra echa la cabeza para atrás, al tiempo que inclina su abdomen hacia delante, siempre enfrentada al macho, mostrándole el orificio por donde van a salir los huevos. Si todo transcurre con normalidad, ambos troncos se aproximarán al máximo y en un abrir y cerrar de ojos la hembra transferirá los huevos al macho, que entrarán por el orificio del saco incubador de este. Antes se creía que la fecundación de los huevos se producía en el exterior del saco, pero ahora se sabe que es en el mismo orificio del saco cuando en menos de un segundo el macho libera su esperma para fecundar los huevos según van entrando al saco. Seguidamente, este se cerrará completamente para impedir la entrada de más huevos. De esta manera los machos se aseguran de que toda la descendencia de un mismo lote proceda de la misma madre.

 Los machos gestantes generalmente dejan de cortejar a la pareja durante el desarrollo embrionario y es bastante habitual que adopten una postura de aislamiento frente a terceros, especialmente unos días antes de que nazcan los nuevos caballitos. A veces también reducen la ingesta de alimento. Aunque no es lo habitual en el mundo animal, el papel del macho es fundamental para la protección de los huevos/embriones. Nada mejor que un ambiente aislado del exterior para evitar la depredación por parte de otros organismos. Sin embargo, desde un punto de vista nutricional, la participación de los machos en el desarrollo de los embriones es limitada comparada con la aportación previa de las hembras, de quien dependen casi todos los nutrientes necesarios para el correcto desarrollo de los futuros caballitos y que estarán disponibles en el interior de los huevos en forma de vitelo. El desarrollo de los embriones dentro del saco de los machos es un proceso largo, puede durar varias semanas, algo inconcebible en otras especies de peces teleósteos, en las que no suele alargarse más de una semana. Por lo tanto, en un proceso tan largo, si la calidad y cantidad de reservas vitelina del huevo son insuficientes, peligrará la viabilidad de los futuros caballitos. Eso es algo que solo depende de la hembra. Sin embargo, es lógico pensar que algún papel debe desempeñar el macho durante la embriogénesis. Este es un asunto sobre el que se ha especulado bastante y, aunque no existen demasiados datos al respecto, se ha sugerido que el saco cumple una función de osmorregulación y suple al embrión del oxígeno necesario, así como de algunos nutrientes, enzimas y hormonas y de calcio para la formación del esqueleto.

Los huevos de los caballitos de mar miden de 2 a 3 mm de diámetro, dependiendo de la especie, siendo mucho más grandes que en la mayoría de otros peces, en los que el diámetro del huevo está en torno a 1 mm. En otras especies de peces, los huevos tienen una envoltura relativamente dura y suelen ser redondos, transparentes, con una o varias gotitas de aceite, que sirven para su flotabilidad y como nutriente. Casi todo el interior del huevo está ocupado por el vitelo, que es donde se encuentran casi todos los nutrientes. En los caballitos de mar los huevos son irregulares, con forma de pera; el vitelo solo ocupa unos dos tercios del volumen total del huevo y tienen un precioso color anaranjado que les otorga la presencia de multitud de pequeñas gotitas de aceite. Son muy frágiles, ya que están cubiertos de una finísima envoltura que se rompe con mucha facilidad. Posiblemente no necesiten un envoltorio más duro al transferirse directamente de la hembra al macho, por lo que no quedan expuestos y están a salvo de agresiones externas.

La protección de los huevos y de los futuros embriones en el saco de los machos es, sin duda, un aspecto muy interesante del comportamiento de estos peces desde el punto de vista evolutivo. Si nos centramos en parientes cercanos de los caballitos de mar como los peces pipa o los dragones de mar, nos encontraremos con que han desarrollado toda una serie de estrategias diferentes para dar protección a los huevos y embriones. En los dragones de mar y ciertas especies de peces pipa encontramos la situación más desfavorable, en la que los huevos ya fecundados se depositan externamente en el tronco o en la cola, donde permanecen expuestos al exterior, aunque pueden existir elementos de protección limitados y poco efectivos. Por ejemplo, los huevos de los dragones de mar quedan fijados a la cola mediante una matriz gelatinosa en la que cada huevo está colocado, con precisión milimétrica, en un hueco, de tal modo que los huevos permanecerán allí durante todo el desarrollo, perfectamente ordenados, tal y como encontramos en los comercios a los huevos de gallina en las hueveras de cartón. Cuando el futuro pez ya está perfectamente desarrollado, el huevo se abre y el nuevo pececito sale nadando libremente al mundo exterior. Otras especies de peces pipa han optado por una estrategia intermedia similar a la anterior, pero con la ventaja de que los huevos se protegen total o parcialmente mediante unas láminas que a veces no llegan a cubrir completamente la masa de huevos. En el otro extremo de la evolución nos encontramos con los caballitos de mar, cuyo saco ofrece protección máxima a la progenie. La diversidad en el tipo de estructuras desarrolladas para proteger a la descendencia en diferentes especies de signátidos está muy relacionada con el tipo y características reproductivas de cada especie.

El dimorfismo sexual, es decir, la diferenciación morfológica entre machos y hembras, está asociado a la poligamia, entendida como la capacidad para aparearse con más de un individuo del sexo contrario. Algunas especies de peces pipa (géneros *Nerophis*, *Syngnathus*) son claramente polígamas. En ellas existe un claro dimorfismo sexual, exhibiendo colores y ornamentaciones muy diferentes en ambos sexos. Sin embargo, otras son monógamas, como las del género *Corythoichthys*, y por lo tanto no cambian de pareja a lo largo de su vida. En estas últimas no existen diferencias externas entre machos y hembras (monomorfismo). Ese sería también el caso de los dragones y de los caballitos de mar. En las especies dimórficas la hembra generalmente es más grande que el macho y se acicala con colores más brillantes y vistosos. Las ornamentaciones diferenciales, que tienen un carácter temporal y las exhiben las hembras, tienen la desventaja de que suponen un mayor riesgo de depredación al hacerse más visible. Sin embargo, ofrece una serie de ventajas. Entre otras, facilitan la selección de las hembras por parte de los machos, permiten predecir el éxito del apareamiento, atraen a los machos ya que suponen una provocación social y no acarrean ningún coste energético.

Un aspecto interesante en la reproducción de los caballitos de mar es qué sexo *ataca primero*, es decir, quién lleva la iniciativa en la búsqueda de pareja. En la mayoría de peces pipa son las hembras las que compiten por depositar los huevos en los machos y las que inician la reproducción. Este comportamiento, denominado *comportamiento sexual invertido*, es el contrario al que siguen casi todos los peces y vertebrados, en los que existe lo que se ha dado en llamar un *comportamiento sexual convencional*, en el que son los machos los que compiten por las hembras y son estas las que seleccionan a los machos. Casi todas las especies de caballitos de mar, excepto alguna como *H. abdominalis*, son convencionales en su comportamiento sexual. El que una especie siga un comportamiento sexual de tipo convencional o invertido guarda una estrecha relación con la fidelidad (monogamia) o infidelidad (poligamia) de los miembros de la pareja. Si hay algo que siempre se ha relacionado con los caballitos de mar es esa supuesta fidelidad que nos ha llevado a pensar que, una vez establecidas las parejas, estas se mantienen de por vida y que, pase lo que pase, un caballito de mar desparejado se mantendrá siempre como tal. En realidad, esa es la teoría, aunque en la práctica no siempre es así. Es cierto que en el medio natural muchas especies de caballitos de mar suelen ser monógamas, pero, como casi siempre, nada es perfecto porque la monogamia no tiene por qué perdurar toda la vida. Además, hay alguna excepción total en la que lo que prima es la poligamia y aquí es donde de nuevo aparece en escena *H. abdominalis*. Efectivamente, tanto esta especie como *H. breviceps* se aparean en grupo y no muestran ninguna preferencia continua por un determinado individuo del otro sexo.

Los peces pipa son menos monógamos que los caballitos de mar y en muchas especies los machos incuban simultáneamente huevos de más de una hembra. Este hecho está favorecido por la existencia de estructuras de incubación que no están aisladas del exterior. En cambio, a pesar de poder producirse cambios de pareja dentro de una misma época de reproducción y en anualidades sucesivas, en los caballitos de mar jamás se ha detectado poligamia genética dentro de un mismo lote de descendientes, lo que implica que todos los individuos contenidos en el saco del macho en un momento dado tienen los mismos progenitores. Esta afirmación se entenderá mejor después de conocer cómo son los ciclos reproductivos en estos peces.

Los caballitos de mar no son muy longevos y a lo largo de un ciclo de vida pueden aparearse no solo en años sucesivos, sino también varias veces a lo largo de la época de reproducción. Las hembras tienen dos ovarios, que tienen forma de tubo cilíndrico en cuyo interior hay una única capa de folículos en desarrollo que recorren el ovario en toda su longitud. Los dos extremos laterales de dicha capa (zona germinal) están enrollados sobre sí mismos (forma semejante a la de una palmera de repostería) y una vez maduros darán lugar a los huevos. En el ovario encontramos todos los estados de desarrollo de los folículos, de tal modo que en ambos extremos están situados los menos desarrollados y en el centro los más avanzados. Una vez que los ovocitos han madurado, se hidratan y liberan al interior del lumen ovárico, desde donde son expulsados al exterior. En algunas especies (*H. abdominalis*) se han observado ovarios maduros durante todo el año, pero lo habitual es que solo maduren durante unos meses. La maduración y liberación de los huevos es cíclica, de tal manera se pueden producir liberaciones sucesivas a lo largo de la época de reproducción. El tiempo que transcurre entre dos liberaciones sucesivas depende de varios factores, pero fundamentalmente de la temperatura. Al aumentar la temperatura ambiente se acorta el intervalo entre liberaciones; por eso, los intervalos en especies de aguas cálidas (unas dos semanas) son menores que en las de agua templada (alrededor de un mes o más). En el caso de *H. guttulatus* se ha comprobado que un aumento de un grado en la temperatura adelanta cuatro días la liberación de los huevos. Una vez liberada una tanda de huevos se inicia otra tanda de maduración, que se liberará una vez transcurrido el tiempo necesario. De esta manera es posible que una pareja se aparee varias veces sucesivas, a intervalos muy regulares, durante cada ciclo anual.

    La producción de huevos es un acontecimiento energéticamente muy costoso. Esto es fácilmente comprensible si consideramos que un lote de huevos puede llegar a suponer la tercera parte del peso total de la hembra. Tamaña inversión energética, que solo afecta a las hembras, debe aprovecharse al máximo, por lo que la duración de la maduración de las hembras y la del desarrollo de los embriones en los machos son prácticamente coincidentes. Es decir, hay una perfecta sincronización entre machos y hembras, de tal modo que inmediatamente después de que un macho libere la progenie de su saco ya está en condiciones de aceptar otro lote de huevos de su hembra, quien a su vez tendrá otro lote de huevos preparado para cuando el macho lo requiera. En condiciones de laboratorio se ha observado que a veces los machos pueden adelantar la expulsión al exterior de las crías si ve que la hembra está preparada para transferirle nuevos huevos. Normalmente este adelanto es problemático porque la liberación se hace sin que el desarrollo de los recién nacidos se haya completado del todo, naciendo con el hocico poco desarrollado, mucho más pequeño de lo habitual, e incluso a veces con la boca cerrada. Ello les impide alimentarse correctamente, y morirán en pocos días. Si el adelanto es mayor, se liberan embriones que aún presentan un saco vitelino con parte del contenido inicial que tenía el huevo. Estos ejemplares también morirán en poco tiempo. Las razones que llevan al macho a adelantar el vaciado de su saco residen en que, una vez hidratados y preparados los huevos de la hembra, estos se degradarán en poco tiempo. Por lo tanto, el macho trata de sacar provecho de esa condición óptima de los huevos para evitar que se pierdan. A veces se pierden lotes completos de huevos si no hay machos preparados para recogerlos. La sincronización entre hembra y macho es un gran ejemplo de trabajo en equipo. Mientras la primera prepara los huevos, el macho se responsabiliza de un correcto desarrollo de los futuros caballitos. Esto aumenta la eficiencia de la reproducción, ya que acelera todo el proceso reproductor. También se ha comprobado que en condiciones adversas los machos pueden hacer que se degraden los embriones que se desarrollan en el saco. Es una especie de aborto controlado que supone un ahorro de energía y de tiempo en situaciones en las que la futura viabilidad de la prole es poco o nada probable.

FIGURA 3

Morfología de un huevo (con vitelo y las gotitas de grasa) y de recién nacidos normales (boca bien desarrollada) y prematuros (boca corta y sin formar).

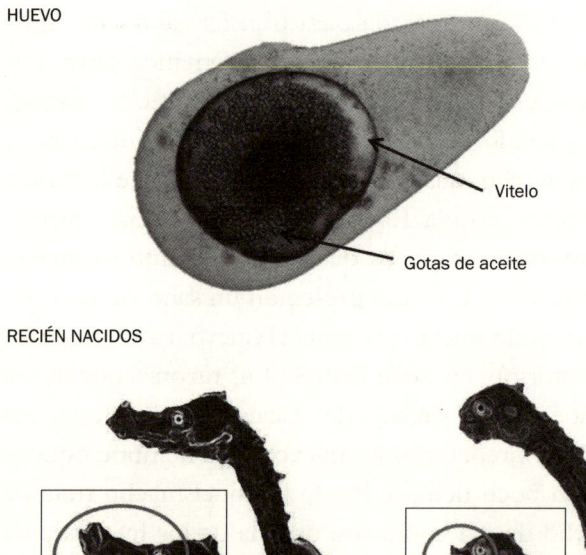

Existen diferencias interespecíficas muy importantes en la extensión de la época de reproducción y en ciertas características reproductivas, dependiendo de la zona geográfica que se considere. En los mares y océanos de agua templada existe una clara diferenciación entre los meses de invierno y los de verano, con oscilaciones muy grandes en la temperatura y en la longitud de la fase luminosa de los días. Luz y temperatura son dos factores clave en la reproducción de muchos animales, incluidos los caballitos de mar, actuando y regulando de manera compleja los niveles de hormonas sexuales. En la práctica son los detonadores que marcan el inicio y el final de la época de reproducción en cada ciclo anual. Las pocas especies de caballitos de mar que habitan en aguas templadas suelen tener una época de reproducción bien definida, alejada de los meses más fríos y de días más cortos. Las dos únicas especies de las costas europeas pertenecen a este grupo. Por el contrario, las especies más numerosas son aquellas que viven en aguas de tipo tropical, en las que la transición entre verano e invierno está poco definida, de tal modo que en muchas zonas suele hablarse de época seca y época de lluvias. Por ello, tanto la temperatura del agua como el régimen diario de horas de luz casi no sufren oscilaciones. Las especies que moran en estos hábitats, que podríamos llamar *de tipo tropical*, suelen tener la capacidad de reproducirse todo el año. Son estas especies las que más difieren no solo por su aspecto, tamaño y coloración, sino también por sus características biológicas y reproductivas. Además de determinadas especies de caballitos de talla media-grande, también pertenecen a este grupo los caballitos de mar pigmeos, especies de diminuto tamaño que se han especializado en vivir en arrecifes de coral y cuyo saco incubador es diferente al de un caballito de mar típico. El tamaño del saco de los machos y el abdomen de las hembras tienen una capacidad determinada, lo que establece el número máximo de huevos/embriones que puede contener. En los caballitos de mar pigmeos el tamaño del saco impide acoger a más de unas pocas decenas de huevos, una cantidad insignificante si la comparamos con los huevos (más de 1.000) que puede contener un adulto de una especie de tamaño medio o grande. Es lógico también que para una especie determinada los ejemplares más jóvenes, de menor tamaño, produzcan menos huevos que los de mayor talla. Los huevos recién fecundados iniciarán su desarrollo inmediatamente después de entrar en el saco del macho. La duración de la embriogénesis será más o menos larga, dependiendo de la temperatura ambiental, pero, por término medio y al igual que ocurría con la maduración de las hembras, en especies de aguas templadas es por término medio el doble que en las de tipo tropical.

CAPÍTULO 4
Origen: precursores y fósiles

El tiempo geológico del planeta Tierra se divide y distribuye en intervalos caracterizados por los principales eventos geológicos, biológicos y climáticos que han ido sucediéndose a lo largo del tiempo. Dichos intervalos presentan divisiones y subdivisiones (eón, era, periodo, edad), de tal modo que podemos definir una época con mayor o menor precisión atendiendo al tipo de subdivisión que utilicemos. Por ejemplo, los dinosaurios se extinguieron masivamente al final del periodo Cretácico, en la Era Mesozoica, hace 65 millones de años. Después del periodo Cretácico nos encontramos con el periodo Paleógeno (con tres épocas: Paleoceno, Eoceno y Oligoceno), al que siguen los periodos Neógeno (con dos épocas: Mioceno y Plioceno) y, el más reciente, el Cuaternario. A comienzos del Eoceno, hace 55,8 millones de años, se produjo un calentamiento rápido del planeta, con subidas de temperatura de hasta 7 °C, lo que permitió que el clima se mantuviera templado y la expansión de la vegetación. Australia y la Antártida aún permanecían unidas, pero posteriormente se produjo la deriva y separación completa de ambos continentes, lo que hizo cambiar las corrientes ecuatoriales. Consecuencia de ello fue el enfriamiento de las aguas que separaban ambos continentes y el congelamiento de la Antártida, fruto del cual se produjo un enfriamiento global del planeta. Este enfriamiento favoreció la expansión de praderas y bosques de árboles adaptados a las nuevas temperaturas. Europa, Groenlandia y Norteamérica también se escindieron de lo que se denominó continente Laurasia, formándose grandes cordilleras y lagos. La India continuó separándose de África y colisionó con Asia, originando el Himalaya. Más tarde desapareció el mar de Tetis, se levantaron los Alpes y se formó el mar Mediterráneo, ya en el Oligoceno. A partir del análisis filogenético de datos moleculares y morfológicos se ha llegado a la conclusión de que los caballitos de mar son un linaje evolucionado que comparte un ancestro común con los peces pipa. Estos dos grupos de peces, junto con los dragones de mar, pertenecen a una familia de peces teleósteos denominada Syngnathidae, constituida por 54 géneros que en total suman casi 300 especies. Los fósiles más antiguos de signátidos, con una antigüedad de algo más de 50 millones de años, son precisamente de comienzos del Eoceno. Los primeros caballitos de mar debieron de aparecer hace 20-25 millones de años.

Una de las mayores dificultades con que se encuentran los científicos a la hora de datar con cierta precisión la aparición de los caballitos de mar es que apenas disponemos de restos fósiles. Esto también ha dificultado la confirmación absoluta de hipótesis relacionadas con la zona geográfica en la que aparecieron los primeros caballitos de mar, tal como veremos más adelante. Si las dificultades antes señaladas no eran suficientes, el hilo evolutivo aún se complica más cuando retrocedemos en la escala filogenética hasta llegar al orden de los Gasterosteiformes (o Syngnathiformes en algunos tratados científicos), compuesto por 11 familias de peces, entre las que están los signátidos, los espinosos, los peces navaja o los peces trompeta. La aplicación de técnicas de biología molecular y el estudio filogenético de secuencias de ADN, entre otros, han permitido profundizar en el conocimiento del origen y procesos de especiación en este complejo grupo de peces. La utilización de fósiles, por el contrario, tiene sus limitaciones, ya que no permite afinar con tanta precisión como las técnicas analíticas basadas en material genético, a las cuales complementa. Sin embargo, resultan más ilustrativos cuando se trata de aportar una visión global huyendo de tecnicismos y de contenidos de mayor nivel científico.

Los ricos yacimientos fósiles del monte Bolca, próximo a la ciudad italiana de Verona, contienen los fósiles de signátidos más antiguos descubiertos hasta ahora, con una antigüedad de 48-50 millones de años. Se trata de varios ejemplares procedentes de depósitos que tuvieron lugar en el Eoceno y que posiblemente representan varias líneas evolutivas diferentes dentro del grupo. Ninguno de estos ejemplares se corresponde con especies actuales y entre ellos se encuentra uno de *Prosolenostomus lessenii*, posiblemente el fósil más antiguo que se conoce de signátido. La abundancia de estos fósiles hace pensar que el origen de este grupo de peces podría ser anterior al Eoceno. Se han descubierto otros fósiles interesantes en Jutland (Dinamarca) (Eoceno), en el Cáucaso y montes Cárpatos (Oligoceno) y en el sur de California (Mioceno). Los peces pipa fósiles de las especies *Nerophis zapfei* (Mioceno, Austria), *Dunckerocampus incolumis* y *Dunckerocampus squalidus* (Oligoceno, Cáucaso) son los más antiguos, con representantes actuales en las costas de Europa (*Nerophis*) y del Indo-Pacífico (*Dunckerocampus*).

FIGURA 4

Origen y evolución de la vida en la Tierra en un calendario que representa la historia del sistema solar comprimida en un año.

Enero							
sm	l	m	m	j	v	s	d
52							**1**
1	2	3	4	5	6	7	8
2	9	10	11	12	13	14	15
3	16	17	18	19	20	21	**22**
4	23	24	25	26	27	28	29
5	30	31					

Formación de la Tierra
Formación del sistema solar

Febrero							
sm	l	m	m	j	v	s	d
5			1	2	3	4	5
6	6	7	8	9	10	11	12
7	13	14	15	16	17	18	19
8	20	**21**	22	23	24	25	26
9	27	28	29				

Aparecen los océanos

Marzo							
sm	l	m	m	j	v	s	d
9					1	2	3	4
10	5	6	7	8	9	10	11
11	12	13	14	15	16	17	18
12	19	20	21	22	**23**	24	25
13	26	27	28	29	30	31	

Primeras bacterias

Abril							
sm	l	m	m	j	v	s	d
13							1
14	2	3	4	5	6	7	8
15	9	10	11	12	13	14	15
16	16	17	18	19	20	21	22
17	23	24	25	26	27	28	29
18	30						

Mayo							
sm	l	m	m	j	v	s	d
18		1	2	3	4	5	6
19	7	8	9	10	11	12	13
20	14	15	16	17	18	19	20
21	21	22	23	24	25	26	27
22	28	29	30	31			

Junio							
sm	l	m	m	j	v	s	d
22					1	2	3
23	4	5	6	7	8	9	10
24	11	12	13	14	15	16	17
25	18	19	20	21	22	23	24
26	25	26	27	28	29	30	

Julio							
sm	l	m	m	j	v	s	d
26							1
27	2	3	4	5	6	7	8
28	9	10	11	12	13	14	15
29	16	17	18	19	20	21	22
30	23	24	25	26	27	28	29
31	30	31					

Agosto							
sm	l	m	m	j	v	s	d
31			1	2	3	4	5
32	6	7	8	9	10	11	12
33	13	14	15	16	17	18	19
34	20	21	22	23	24	25	26
35	27	28	29	30	31		

Septiembre							
sm	l	m	m	j	v	s	d
35						1	2
36	**3**	4	5	6	7	8	9
37	10	11	12	13	14	15	16
38	17	18	19	20	21	22	23
39	24	25	26	27	28	29	30

Primeras algas unicelulares
Primeros mamíferos
Aparecen los dinosaurios

Octubre							
sm	l	m	m	j	v	s	d
40	1	2	3	4	5	6	7
41	8	9	10	11	12	13	14
42	15	16	17	18	19	20	21
43	22	23	24	25	26	27	28
44	29	30	31				

Noviembre							
sm	l	m	m	j	v	s	d
44				1	2	3	4
45	5	6	7	**8**	9	10	11
46	12	13	14	**15**	16	17	18
47	19	20	21	22	23	24	25
48	26	27	28	29	30		

Primeros seres pluricelulares

Diciembre							
sm	l	m	m	j	v	s	d
48						1	2
49	3	4	**5**	6	7	8	9
50	10	11	**12**	13	14	**15**	16
51	17	18	19	20	21	**22**	**23**
52	24	25	**26**	27	28	29	30
1	**31**						

A las 23:59:46 aparece el *Homo sapiens*
Extinción de los dinosaurios
PRIMEROS CABALLITOS DE MAR

La evolución de los fósiles anteriores hacia los primeros caballitos de mar conocidos requirió millones de años. Una buena representación de ejemplares fósiles, con una antigüedad de unos tres a cinco millones de años (Plioceno tardío), se encontró en Marecchia (Italia), a finales de los años ochenta. Durante muchos años se creyó que esa podría ser la antigüedad más plausible del género *Hippocampus*. Sin embargo, en 2005 el grupo del doctor Jure Žalohar (Universidad de Liubliana) localizó varios fósiles de las especies *H. sarmaticus* e *H. slovenicus* en estratos del Mioceno medio en Tunjice Hills (Eslovenia). Estos descubrimientos permitieron adelantar el posible origen de los caballitos de mar y situarlo, como mínimo, en 13 millones de años. Uno de los aspectos más interesantes de este descubrimiento es que ambas especies, hoy día extinguidas, guardan cierta similitud con especies de hipocampos actuales. Así, mientras *H. sarmaticus* es semejante a *H. trimaculatus*, *H. slovenicus* tiene muchas similitudes con los caballitos de mar pigmeos (*H. bargibanti*, *H. denise* o *H. coleman*). Estas especies fósiles vivieron en zonas con abundante vegetación de fondos de lo que fue el mar Paratetis, formado hace 34 millones de años (Oligoceno) en el sur de Europa. Este mar se extendió desde la región norte de los Alpes hasta el mar de Aral y actualmente se correspondería en parte con el mar Negro, el mar Caspio y el mar de Aral. Al igual que las actuales, estas especies fósiles preferían los ambientes densos de vegetación y poseían una alta capacidad de camuflaje. Sin embargo, a diferencia de la mayoría de especies actuales, se cree que carecían de fase planctónica y que los recién nacidos se agarraban a algún tipo de soporte nada más nacer. Los ejemplares localizados en Tunjice, en su mayoría juveniles, pudieron vivir agarrados a macroalgas flotantes que se desplazaron por efecto de las corrientes hasta las zonas donde se fosilizaron, muriendo probablemente por las condiciones anóxicas. Se ha calculado que estos desplazamientos pudieron ser superiores a 260 km en un mes.

Los restos fósiles indican, pues, que la antigüedad mínima del género *Hippocampus* es de unos 13 millones de años, pero no pueden aportar más información por sí mismos. Es aquí donde las técnicas de biología molecular, basadas en el estudio de secuencias en fragmentos de ADN, son especialmente útiles, ya que permiten obtener información extra. Con ellas se ha podido establecer con mayor precisión el origen en el tiempo de los caballitos de mar. Los fósiles disponibles hoy en día indican que las especies actuales no son tan diferentes de las ya extinguidas. Según esto, el origen de estos peces sería superior a los 15 millones de años de antigüedad de los fósiles más antiguos. Con los estudios de biología molecular se ha obtenido una estimación mucho más precisa del posible origen de los hipocampos. Los científicos R. Teske y B. Beheregaray han determinado que el origen se situaría en el Oligoceno tardío, hace aproximadamente 25-28 millones de años, periodo en el que se originan dos líneas evolutivas independientes a partir de un ancestro común. Una de ellas dará lugar a los caballitos de mar, mientras que la otra será el origen del género *Idiotropiscis*, en el que se integran especies endémicas de Australia a las que se les denomina caballos pipa pigmeos. Estos son muy semejantes a un caballito de mar, pero sin adoptar una posición erguida. En el periodo que va desde el origen de los primeros signátidos (estimado en 58 millones de años) y el inicio de la divergencia antes señalada ocurrieron una serie de procesos evolutivos divergentes que conllevaron la aparición de nuevas especies de peces pipa. Tal como se indicó antes, una de estas líneas evolutivas es la que originó el ancestro común de los géneros *Hippocampus* e *Idiotropiscis*.

Figura 5

Antecedentes y hechos más significativos en la evolución de los caballitos de mar a partir de un ancestro común con los peces pipa.

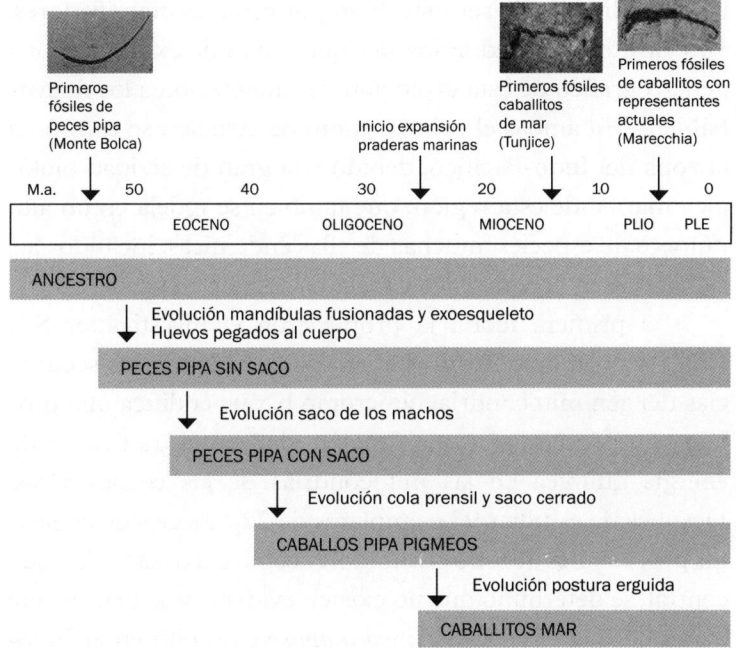

La divergencia entre caballitos de mar y caballos pipa pigmeos implicó la adquisición de la típica postura erguida de los *Hippocampus*. Pero ¿cómo y dónde ocurrió esta adaptación? Se cree que la evolución de los caballitos de mar fue consecuencia de los movimientos de placas tectónicas a que está sometida la Tierra. Los caballitos de mar respondieron a los cambios originados por esos acontecimientos adaptándose a la aparición de amplias zonas marinas de aguas someras. Efectivamente, se crearon vastas zonas en las que creció una densa vegetación de macroalgas en las que la posición horizontal que adoptan la mayoría de peces no favorecía el camuflaje. Por el contrario, la adquisición de un cuerpo erguido, vertical a muchas de las plantas que poblaban los mares, permitió un mejor camuflaje, reduciendo significativamente las posibilidades de ser detectado por posibles depredadores. Hay dos teorías predominantes que tratan de explicar el origen geográfico de esta evolución y la adaptación a los nuevos hábitats. En ambas el primer punto de atención se centró en la zona del Indo-Pacífico, debido a la gran diversidad biológica marina de esta región, que también se refleja en un alto número de especies, muchas de ellas endémicas, incluidos los signátidos en general y los caballitos de mar en particular.

La primera teoría la propusieron el investigador S.P. Casey y colaboradores tras el análisis de numerosas secuencias del gen mitocondrial citocromo b, que codifica una proteína que desempeña una función vital en el transporte de energía química en las mitocondrias de las células vivas. Después de estudiar 93 ejemplares de 22 especies de caballitos procedentes de todo el mundo, excepto del océano Pacífico central, se determinó que no existen evidencias genéticas que indiquen que el género *Hippocampus* se originó en el Indo-Pacífico. Según estos investigadores, la alta diversidad de especies de caballitos en esta zona se debió a procesos de especiación acontecidos en el Pleistoceno-Mioceno o con anterioridad y favorecidos por procesos de aislamiento geográfico. Sin duda, la gran expansión de fondos de fanerógamas marinas en el Indo-Pacífico propició una mayor colonización y diversificación de estos peces, que encuentran en estos ambientes el hábitat ideal para la mayoría de las especies. El hecho de que existan muchas menos especies de *Hippocampus* en el Atlántico no indicaría una menor abundancia histórica de especies, sino que sería el resultado de procesos de extinción, tal como ocurrió con otros grupos zoológicos. Es en el Atlántico norte donde se ha producido el mayor número de extinciones de especies. La amplia distribución de estas especies en todo el mundo sugiere que el origen del género *Hippocampus* fue anterior a la formación del mar de Tetis, cuando todos los continentes actuales estaban en contacto, lo que favoreció el desplazamiento de especies de unas zonas a otras. El mar de Tetis se formó a comienzos de la Era Mesozoica, hace 250 millones de años, como resultado de la escisión del continente Pangea, que dio lugar a los continentes Gondwana, al sur, y Laurasia, al norte. Su formación fue anterior a la apertura de los océanos Índico y Atlántico en el Cretácico, en tanto que su desaparición completa fue muy recientemente, hace tan solo 15 millones de años. A pesar de la existencia de evidentes barreras físicas aparentemente insalvables, como los océanos, es muy posible que algunas especies de caballitos de mar puedan recorrer largas distancias, incluso de carácter transoceánico. Hay varios ejemplos; uno de ellos es la presencia de *H. reidi* y *H. algiricus*, especies pobladoras de las costas atlánticas occidentales y orientales, respectivamente. Se cree que ambas especies evolucionaron a partir de un ancestro común hace tan solo 0,5-1,3 millones de años. Algo similar podría haber ocurrido con la especie europea *H. hippocampus* y la americana *H. erectus*, que podrían haber tenido un ancestro común hace 2,5-3 millones de años. En algún momento determinado, estos ancestros habrían cruzado el océano Atlántico y, posteriormente, habrían evolucionado para originar una nueva especie. Estas especiaciones pudieron verse facilitadas también por la aparición de barreras debidas a cambios geológicos, como podría ser el caso de *H. ingens* (este del Pacífico) e *H. reidi* (oeste del Atlántico), especies hermanas que divergieron como consecuencia del cierre definitivo del istmo de Panamá que terminó con la conexión Atlántico-Pacífico. Aunque se podría pensar que la elevada riqueza de especies en el Indo-Pacífico y el origen de los hipocampos en esa región están estrechamente relacionados, todo parece indicar que no es así y que el primer fenómeno se debe más bien a procesos de aislamiento originados por los movimientos de placas tectónicas y a cambios en el nivel del mar.

La segunda teoría emerge del estudio de secuencias del gen nuclear RP1 y del gen mitocondrial 16S rARN por parte de investigadores australianos dirigidos por P. R. Teske, quienes sitúan el origen de los hipocampos en la parte australiana o sur-oriental del océano Pacífico. Esta teoría se basa en el hecho de que las dos líneas evolutivas más antiguas de los caballitos de mar se originaron en estas zonas geográficas. Endémica de estas zonas es una de las especies más pequeñas de caballito, *H. bargibanti*. Esta especie se adaptó a vivir asociada a colonias de gorgonias de coral, siendo poco probables los fenómenos de dispersión geográfica más allá de las zonas que habita. Según dichos autores, la gran diferencia genética entre el caballito de mar pigmeo *H. barbiganti* y el resto de *Hippocampus* podría explicar una antigua separación de dicha especie con respecto a las demás. Por otro lado, las posiciones basales en la escala evolutiva de *Hippocampus* están ocupadas por las especies australianas *H. breviceps* e *H. abdominalis*. Todo ello podría indicar que los caballitos de mar se originaron en alguna zona occidental del Pacífico. En cuanto al resto de especies, los estudios de biología molecular parecen apoyar la idea de que se originaron tres líneas evolutivas. Dos de ellas habitarían el Pacífico occidental y la tercera se habría desarrollado ocupando una zona más amplia que incluye las aguas del Indo-Pacífico y del Atlántico. La tercera línea es mucho más compleja y difícil de definir, ya que se podrían haber dado varias vías colonizadoras. La colonización atlántica pudo haberse producido a partir de dos invasiones independientes, con anterioridad y posterioridad al cierre de la conexión con el mar de Tetis, mediante dispersiones a escala global que permitieron la instalación de ciertas especies en las aguas atlánticas. También es posible que algunas especies del Caribe pudieran recolonizar el Indo-Pacífico originando nuevas especies. Finalmente, también sería plausible que una serie de especies de esta tercera línea, instaladas en el Indo-Pacífico, realizaran desplazamientos y colonizaran las costas atlánticas en más de una ocasión. La información obtenida no permite confirmar ni desmentir ninguna de estas opciones y, tal como señalan los investigadores de estos estudios, también podrían ser válidas otras.

En todo caso, los fenómenos migratorios y las distancias recorridas parecen ser más importantes de lo que podría deducirse de especies que se caracterizan por su baja movilidad y por vivir en áreas no muy amplias. Estos desplazamientos migratorios tendrían un carácter más pasivo (corrientes, deriva de elementos de sujeción) que activo (natación) y su importancia dependería mucho de la especie que se considere. En el caso de la especie europea *H. guttulatus,* se han descrito flujos genéticos resultado de desplazamientos pasivos que podrían llegar a alcanzar los 800 km de distancia.

La segunda teoría sobre el origen y diversificación del género *Hippocampus* también ha sido apoyada por Wilson y colaboradores, de la Universidad de Uppsala, basándose en análisis moleculares y en el estudio de la evolución de las estructuras que protegen los huevos en los machos de signátidos y sus ancestros. Un aspecto muy interesante de sus estudios es la estrecha relación observada entre la diversificación de las especies y la de las estructuras protectoras, de manera que la evolución de ambos fue paralela en el tiempo, alcanzando diferentes y amplios niveles de complejidad en el grupo que van desde la simple deposición de huevos en el cuerpo del macho hasta la utilización del saco en el caso de los hipocampos. A principios de siglo, cuando aún faltaba mucho para que existieran las técnicas analíticas actualmente disponibles, algunos investigadores ya propusieron un árbol evolutivo de los signátidos (menos preciso, pero con muchas semejanzas a los propuestos recientemente), basándose exclusivamente en las características de las estructuras protectoras en los machos. En cualquier caso, la evolución fue muy rápida y derivó hacia el aumento del cuidado de los descendientes con el fin de maximizar el éxito reproductivo.

Aunque aún existen muchas lagunas que impiden comprender la historia evolutiva al completo, será posible mejorar los conocimientos actuales en un futuro con nuevos descubrimientos fósiles y el desarrollo de nuevas técnicas analíticas. Independientemente del origen exacto del género *Hippocampus*, existe coincidencia entre los científicos en tres aspectos: a) los caballitos de mar son peces muy modernos; b) su evolución ha sido muy rápida, habiéndose producido en paralelo a la de los peces pipa a partir de un ancestro común; y c) la diferenciación evolutiva con respecto a otros signátidos conllevó una adaptación (adquisición de la postura erguida) a los nuevos ambientes marinos surgidos con la deriva tectónica y una optimización de las estructuras de protección de la prole (saco de los machos).

CAPÍTULO 5
Especies en el mundo

La familia Syngnathidae está compuesta por los caballitos de mar (con un único género, *Hippocampus*), los peces pipa (con unas 200 especies englobadas en casi 60 géneros como *Doryramphus, Nerophis, Syngnathus* o *Stigmatophora,* entre otros) y los dragones de mar, endémicos del continente australiano, que cuentan con dos géneros representados cada uno por una sola especie (*Phyllopetrix taeniolatus* y *Phycodurus eques*). En la actualidad no hay un número definitivo y universalmente aceptado en cuanto a la cantidad de especies que existen de caballitos de mar debido a dos hechos, entre otros: los nuevos descubrimientos de especies, especialmente de caballitos de mar pigmeos, y a la dificultad en la clasificación de ciertas especies, lo que ha motivado confusiones y complicaciones.

Históricamente la clasificación y sistemática botánica y zoológica se basó fundamentalmente en aspectos morfológicos y a veces también biológicos/ecológicos. Sin embargo, una de las características inherentes a la evolución de las especies es la aparición de nuevas peculiaridades diferenciales interespecíficas que a veces no son más que formas transitorias que no implican una diferenciación real a nivel de especie. La existencia de individuos que comparten características de dos o más especies ha complicado (y sigue complicando) su adscripción a una u otra. En todo caso, y en función de la fuente consultada, el número de especies de caballitos de mar es muy variable; oscila entre 38 (IUCN; International Union for Conservation of Nature) y 72 (ITIS; Integrated Taxonomic Information System). Esta disparidad es un claro ejemplo del problema que señalamos anteriormente. Es muy difícil predecir qué tipo de reorganización se realizará en un futuro, no pudiéndose descartar la creación de algún género nuevo de caballitos que englobe especies con características diferenciales, como podrían ser los caballitos de mar pigmeos. En este aspecto, las técnicas moleculares y genéticas han permitido aclarar hasta cierto punto la clasificación sistemática aportando un marco evolutivo a este grupo de peces y sin duda sus aportaciones futuras serán muy valiosas.

A diferencia de los dragones de mar, tanto los caballitos de mar como los peces pipa tienen representación en todos los mares y océanos del mundo, exceptuando los continentes helados, la costa atlántica oriental africana y el sur del Atlántico argentino. A diferencia de *Hippocampus,* los peces pipa también tienen representantes de aguas dulces (*Dorithys martensii, Microphis brachyurus, Ichthyocampus carce* y otros). Sin embargo, en ambos grupos de peces llama sorprendentemente la atención el enorme desequilibrio que existe en la distribución geográfica de sus especies, con una riqueza específica abrumadoramente superior en los océanos Índico y Pacífico occidental. En esta zona están representadas el 80% de las especies de signátidos, mientras que en el Atlántico tan solo el 20%. Por si fuera poco, el 70% de todos los géneros de signátidos del

Indo-Pacífico son endémicos. Con estas cifras no sería exagerado si calificáramos a esta zona como el verdadero santuario de los signátidos. Dentro de ella hay una región que destaca de manera muy especial: Australasia, un área del suroeste de Oceanía en la que se encuentran Australia, Nueva Zelanda y Melanesia. La zona sur de Australia tiene la mayor diversidad de signátidos de todo el mundo, con un número elevadísimo de endemismos. En ella viven casi el 80% de las especies del Indo-Pacífico, incluidas las dos únicas especies que existen de dragones de mar y uno de los mayores peces pipa, *Leptoichthys fistularius*, cuyas tallas pueden llegar a alcanzar los 65 cm de longitud.

Este panorama que se acaba de describir para los signátidos en general es aplicable a los caballitos de mar, máximamente representados en el Indo-Pacífico y con mucha menor presencia de especies en el Atlántico, con cuatro en la costa americana (*H. reidi, H. erectus, H. patagonicus* y *H. zosterae*) y otras cuatro en la euroafricana (*H. guttulatus, H. hippocampus, H. algiricus* e *H. capensis*) y, sobre todo, en las costas americanas del Pacífico, donde tan solo habita una especie (*H. ingens*).

¿A qué se debe esta gran diversidad y riqueza biológica en las aguas del Indo-Pacífico en general y de Australia en particular? En el capítulo anterior mencionamos la existencia de dos teorías para explicar el origen de los hipocampos. La más aceptada señala el Indo-Pacífico como el foco original de propagación y expansión del género *Hippocampus*. Aunque el origen y posterior diversificación de la especie no tienen por qué estar ligados necesariamente a una región geográfica determinada, en el caso del continente australiano confluyeron una serie de características y de hechos geológicos que favorecieron una rápida evolución y diversificación de los caballitos de mar en esta zona del planeta. Por una parte, la tectónica de placas del Oligoceno conllevó la formación de amplias zonas de aguas someras y la posterior formación de hábitats dominados por praderas marinas que posibilitaron la adquisición de la postura erguida en los caballitos de mar a partir de un determinado ancestro. Este ancestro serían los denominados caballos pipa pigmeos (género *Idiotropiscis*), peces que adoptan una postura horizontal y que representarían la conexión evolutiva entre los caballitos de mar y los demás miembros de la familia Syngnathidae. *Idiotropiscis* es un género de peces que actualmente incluye tres especies endémicas de aguas australianas que son las más semejantes a los caballitos de mar actuales. La divergencia con los caballitos de mar se habría producido con la gran extensión de fanerógamas marinas en Australasia, particularmente entre Australia e Indonesia, durante el Oligoceno tardío. A diferencia de *Idiotropiscis*, cuya distribución quedó restringida a las zonas de macroalgas de arrecife, los primeros *Hippocampus* se habrían beneficiado del desarrollo de los fondos de fanerógamas en un periodo en el que predominaban temperaturas templadas. Una vez que las especies de caballitos expandieron el área geográfica, el calentamiento posterior del Indo-Pacífico, ya en el Mioceno, posibilitó una diversificación y separación definitiva de *Idiotropiscis*.

Además de las actividades tectónicas antes referidas y los cambios derivados de ellas, hay otras razones que permiten explicar la diversificación del género *Hippocampus*. Los procesos de especiación y diversificación en los océanos y mares están modulados por fenómenos de distinta índole, como las corrientes marinas, los procesos de creación y destrucción de barreras oceánicas o la capacidad de dispersión de los organismos. La dispersión de los caballitos de mar y la colonización de otras áreas geográficas permitieron la diversificación cuando no fue posible mantener un flujo genético suficiente con la población de origen.

Las roturas de flujos genéticos están muy presentes en Australia, donde existen tres biorregiones caracterizadas por distintos niveles térmicos de norte a sur, con zonas tropicales, subtropicales y subtempladas, que además incluyen barreras naturales que favorecen el aislamiento de las especies y, por lo tanto, dificultan el flujo genético interpoblacional. Como resultado de ello se desarrollan poblaciones fuertemente estructuradas que se mueven lentamente hacia la diferenciación genética. Estos procesos son los que predominan en la mayoría de signátidos y de caballitos de mar. Sin embargo, también se producen excepciones a la regla, como en el caso de *H. abdominalis*. En esta especie se ha observado lo que se denomina panmixia, es decir, la capacidad de los individuos de una población de moverse libremente dentro de su hábitat y de aparearse al azar con ejemplares de otras poblaciones sin que existan restricciones de carácter ambiental, hereditario o social. En este caso, las diferencias intrapoblaciones suelen ser mayores que las interpoblacionales. En las especies no panmícticas la estructura genética suele ser alta y las diferencias interespecíficas se deben a las características ecológicas y de hábitat propias de cada especie, y también a la capacidad de desplazamiento y expansión de las poblaciones. Un claro ejemplo de ello lo encontramos en las especies *H. barbouri, H. kuda, H. spinosissimus* e *H. trimaculatus*. Las dos primeras son de aguas someras y su estructura genética es elevada, mientras que las dos últimas son de aguas más profundas y conservan una estructura filogeográfica más modesta. Todo parece indicar que estas diferencias se deben a una mayor capacidad de desplazamiento de las dos que viven en aguas más profundas, habiendo alcanzado y colonizado la Plataforma de La Sonda en el sudeste asiático.

FIGURA 6

Especies de caballitos de mar típicas de la costa atlántica americana (*H. reidi*) y del Indo-Pacífico (*H. abdominalis*).

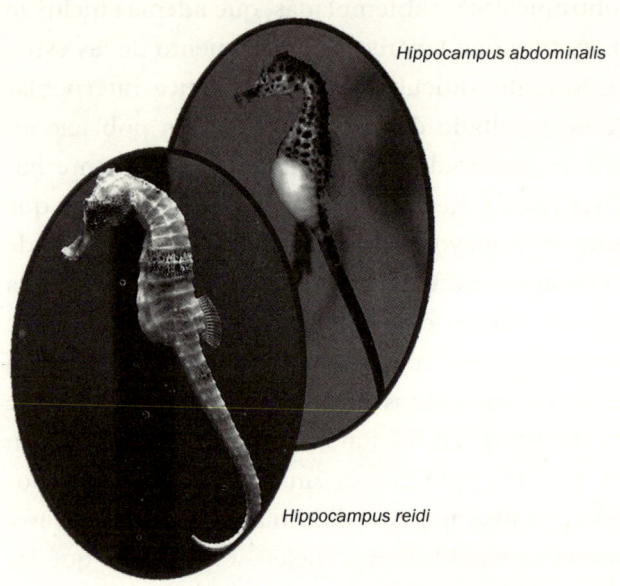

Hippocampus abdominalis

Hippocampus reidi

A veces se dan las condiciones necesarias para que dos especies con características diferentes, por ejemplo en talla, puedan vivir ocupando el mismo hábitat dentro de una determinada zona geográfica. Se trata de especies simpátridas, un concepto introducido por Charles Darwin en 1859. El origen de estas especies se pudo deber a una especiación alopátrida (en presencia de barreras geográficas) y al posterior contacto secundario, o bien a la denominada especiación simpátrida, un proceso evolutivo por el cual se originan nuevas especies en una zona determinada a partir de un ancestro común en ausencia de barreras geográficas. Los investigadores Jones y colaboradores propusieron un par de ejemplos muy interesantes en especies de las costas australianas y americanas Según ellos,

H. abdominalis y *H. breviceps* se habrían originado mediante especiación simpátrida, siendo la primera mucho mayor en talla que la segunda, habiéndose extendido en diferentes áreas del sur de Australia. Lo mismo sucedería con *H. erectus* y *H. zosterae* en el continente americano, concretamente en las costas de Florida y Cuba. Esta especiación simpátrida fue posible gracias a la ausencia de barreras geográficas en esas regiones, hecho muy característico de las aguas del Caribe. La especiación se habría producido como consecuencia de lo que se denomina apareamientos asertivos, en los que los ejemplares de mayor talla se aparean con ejemplares de talla similar, mientras que los de menor longitud hacen lo propio con individuos de pequeña talla. De esta manera, con el tiempo se obtendrían poblaciones con una distribución de tallas bimodal en la que existirían dos grupos claramente diferenciados que con el tiempo derivarían en nuevas especies. En el otro extremo nos encontramos con lo que se denomina especiación alopátrida, que se da entre poblaciones que viven geográficamente aisladas de otras y evolucionan hasta convertirse en especies diferentes debido a la ausencia de intercambio genético.

El ictiólogo David S. Jordan fue uno de los primeros naturalistas en reconocer a comienzos del siglo pasado el importante papel de la geografía en la especiación. Para ello se basó en la presencia de especies hermanas a uno y otro lado del istmo de Panamá como consecuencia de la separación entre las costas pacífica y atlántica del continente americano. Aunque en el mundo oceánico no son evidentes numerosas barreras geográficas, aparte de los continentes y las inmensas áreas oceánicas existen numerosas barreras menos visibles, como puede ser la temperatura o la salinidad. Buenos ejemplos son los grandes ríos como el Amazonas o el Orinoco por el gran efecto que ejercen sobre la temperatura y sobre todo en la salinidad del Atlántico americano y que se deja sentir a varios cientos de kilómetros de distancia. Tal como veremos más adelante, esa podría ser la causa de la separación geográfica de especies como *H. erectus* e *H. patagonicus* en la vertiente atlántica del continente americano. Al adentrarse en el mar, las aguas fluviales habrían formado una barrera de agua de baja salinidad, impidiendo o al menos dificultando sobremanera la conexión y el flujo genético entre poblaciones situadas al norte y sur de la desembocadura del río.

Tal como se indicó anteriormente, son varios los indicios que permiten explicar la enorme riqueza específica del Indo-Pacífico, donde podemos encontrar un amplio rango de tallas, destacando por su singularidad los caballitos de mar de escasa longitud (8-10 cm), como *H. breviceps* o *H. mohnikei*. Una mención especial merecen los caballitos de mar pigmeos (1-3 cm), como *H. bargibanti*, *H. colemani*, *H. denise*, *H. waleananus*, *H. savernsi*, *H. pontohi* y *H. satomiae*. Esta última es la especie más pequeña de todas las descubiertas hasta hoy, no superando los 1,4 cm. Vive en Indonesia y Borneo formando grupos de 3-5 ejemplares a unos 15-20 m de profundidad y tiene una actividad nocturna como rasgo más singular. Algunas especies pigmeas viven en ambientes dominados por corales blandos o gorgonias, otras son de vida libre (*H. savernsi*, *H. pontohi*), mientras que *H. colemani* vive en praderas marinas. Los coloridos de algunas de estas especies suelen ser espectaculares, como es el caso de *H. denise*, una de las especies marinas que junto a *H. bargibanti* goza de un mayor mimetismo gracias a su coloración anaranjada y a las ornamentaciones en forma de tubérculos. *H. denise* tiene una biología muy poco conocida, vive asociada a ciertas especies de gorgonias (*Annella reticulata*, *Muricella* y *Echinogorgia*), en profundidades que van desde los 13 hasta los 90 m.

TABLA 1
Distribución de las especies actuales de caballitos de mar en las costas del Atlántico y del Pacífico americano.

ÁREA GEOGRÁFICA	ESPECIE	DISTRIBUCIÓN	CLIMA[1]	HÁBITAT[2]	PROFUNDIDAD (m)	TALLA MÁX.	MADUREZ SEXUAL	CATEGORÍA IUCN[3]
Atlántico occidental	H. guttulatus	Holanda, Reino Unido e Irlanda hasta mar Mediterráneo y mar Negro	ST	D	0-20	21,6	12,5	DI
	H. hippocampus	Mar del Norte hasta Mediterráneo y Senegal e islas Azores, Madeira y Canarias	ST	D	0-60?	15	7,7	DI
	H. algiricus	Senegal hasta Angola, islas Canarias	T	D	0-9	19,2	-	V
	H. capensis	Sudáfrica		D	0-20	12,1	5,8	A
Atlántico americano	H. reidi	Carolina del Norte (Estados Unidos) hasta Brasil, Bermudas, Bahamas	ST	A	0-55	17,5	8	DI
	H. erectus	Nueva Escocia, Canadá, norte del golfo de México hasta Venezuela (Brasil?)	ST	A	1-73	19	6,3	V
	H. zosterae	Golfo de México, Bermudas, Bahamas y sur de Florida	ST	D	0-2	5	2,1	DI
	H. patagonicus	Argentina, Uruguay y Brasil	ST	D	-	-	-	-
Pacífico americano	H. ingens	Desde el sur de California hasta Perú	ST	A	0-60	30	5,4	V

[1]ST: Subtropical-templada; T: Tropical; [2]D: Demersal; A: Arrecife; [3]A: Amenazada; DI: Deficiente en información; V: Vulnerable.

Tabla 2
Distribución de especies actuales de caballitos de mar representativas de las costas de los océanos Índico y Pacífico no americano.

ÁREA GEOGRÁFICA	ESPECIE	DISTRIBUCIÓN	CLIMA[1]	HÁBITAT[2]	PROFUNDIDAD (m)	TALLA MÁX.	MADUREZ SEXUAL	CATEGORÍA IUCN[3]
Pacífico	H. abdominalis	Sur de Australia y Nueva Zelanda	ST	D	0-104	35	8,7	V
	H. barbouri	Mar de Joló (Malasia)	T	A	6-12	15	8	V
	H. bargibanti	Japón a NO de Australia	T	A	16-40	2,4	1,3	DI
	H. breviceps	Sur Australia (este a oeste)	ST	D	?-15	10	4,6	DI
	H. denise	Malasia, Indonesia, Vanuatu, Palau, Malasia, Solomon, Micronesia	T	A	13-90	2,2	1,1	DI
	H. whitei	Australia, islas Solomon	ST	A	1-25	13	8,3	DI
Índico	H. angustus	Noroeste de Australia	T	A	3-63	22	7,8	DI
	H. borboniensis	San Mauricio, Reunión y costa SE de África	T	D	?-60	14	8	DI
	H. comes	Malasia, Tailandia, Singapur, Vietnam, Indonesia y Filipinas	T	A	15-30	18,7	8,1	V
	H. fuscus	Mar Rojo, Arabia Saudí, Djibouti, Sri Lanka	T	D	0-10	14,4	8	DI

Tabla 2
Distribución de especies actuales de caballitos de mar representativas de las costas de los océanos Índico y Pacífico no americano. (Cont.)

ÁREA GEOGRÁFICA	ESPECIE	DISTRIBUCIÓN	CLIMA[1]	HÁBITAT[2]	PROFUNDIDAD (m)	TALLA MÁX.	MADUREZ SEXUAL	CATEGORÍA IUCN[3]
Indo-Pacífico	H. kelloggi	Este de África hasta Japón y Australia	T	A	?-130	28	15	V
	H. kuda	Pakistán e India hasta sur de Japón, Hawái	T	A	0-8	30	14	V
	H. trimaculatus	India a Japón, Australia y Tahití	T	A	0-20	22	14	V

[1] **ST**: Subtropical-templada; **T**: Tropical; [2] **D**: Demersal; **A**: Arrecife; [3] **A**: Amenazada; **DI**: Deficiente en información; **V**: Vulnerable.

Aunque los caballitos de mar no son especies pelágicas adaptadas a la natación y al recorrido de grandes distancias, lo que aparentemente dificulta mucho las posibilidades de expansión de sus poblaciones, existen varios mecanismos que los peces y otras especies marinas pueden utilizar para alcanzar zonas geográficas lejanas. Uno de ellos sería lo que los ingleses denominan *rafting*, que consiste en realizar largos desplazamientos gracias a la capacidad de estas especies para agarrarse a un soporte como algas o elementos flotantes que quedarán a merced de las corrientes, lo que permitirá colonizar zonas distantes. Sería algo semejante a la actividad que hoy en día se ha puesto muy de moda entre los deportes de aventura. En ello se basa una de las hipótesis más sólidas propuestas recientemente por Joel T. Boehm y colaboradores para explicar la expansión y distribución del género *Hippocampus* en las costas atlánticas y del Pacífico americano, en las que actualmente se han reconocido nueve especies. Según estos investigadores existirían dos grupos de afinidad. Uno de ellos sería más próximo a las especies del Índico y del Pacífico occidental y estaría integrado por dos especies americanas (*H. reidi* e *H. ingens*) y otras dos africanas (*H. algiricus* e *H. capensis*). El otro grupo, mucho más heterogéneo, estaría compuesto por dos especies más alejadas en el árbol filogenético, como son la especie americana *H. zosterae* y la europea *H. guttulatus*, y por las que formarían lo que se ha denominado *complejo H. erectus*, constituido por *H. hippocampus* (tanto la variedad europea como la africana) y por las especies americanas *H. patagonicus* e *H. erectus*. Lo que resulta sumamente sorprendente es que ambos grupos de afinidad contienen especies tanto americanas como euroafricanas, lo que sería resultado de expansiones poblacionales transoceánicas mediante desplazamientos por *rafting* y de posteriores colonizaciones una vez alcanzado el otro continente, lo que con el tiempo derivó en nuevas especies.

Las especies del primer grupo de afinidad estarían relacionadas con un ancestro del Indo-Pacífico y se cree que surgieron a partir de *H. capensis* gracias a dispersiones colonizadoras desde el sur de África. La separación entre los dos especies americanas, *H. reidi* e *H. ingens*, sería consecuencia de un proceso de especiación originado por la desconexión definitiva entre el Atlántico y el Pacífico al formarse el istmo de Panamá. Dejando al margen a *H. guttulatus* e *H. zosterae*, en lo que se ha denominado *complejo H. erectus* se habrían desarrollado dos líneas evolutivas hermanas que culminaron con la presencia de *H. patagonicus* en las costas argentinas (y muy posiblemente también en las de Brasil) y de *H. erectus* en el Caribe y la costa atlántica norteamericana. La desembocadura del Amazonas podría haber actuado como la barrera natural que favoreció esa diversificación. Finalmente, en el caso de *H. hippocampus*, la aparición de esta especie sería consecuencia de desplazamientos de ejemplares de *H. erectus* debidos a la dinámica de la corriente del Golfo y de la posterior colonización por *rafting* de la costa atlántica oriental (europea y africana). Actualmente, las poblaciones de *H. hippocampus* de Europa y de África son genéticamente diferentes.

H. hippocampus e *H. guttulatus* son las dos únicas especies de caballitos de mar que existen en las costas europeas.

CAPÍTULO 6
Especies de las costas europeas

Aunque los fósiles más antiguos de caballitos de mar se hayan descubierto en territorio europeo, los océanos y mares que bañan nuestras costas no son especialmente ricos en cuanto a diversidad de signátidos y, en especial, de caballitos de mar. Las dos únicas especies aceptadas en la actualidad en Europa son el caballito de mar narizón o de hocico largo, *H. guttulatus*, y el común o de hocico corto, *H. hippocampus*. Esta última ha recibido otros nombres científicos que actualmente ya no son válidos como *Syngnathus hippocampus*, *H. heptagonus*, *H. antiquorum*, *H. vulgaris*, *H. antiquus*, *H. europaeus* y *H. punctulatus*. Otros nombres anteriormente utilizados y en desuso para *H. guttulatus* son *H. ramulosus* (aún en uso, pero carente de validez científica), *H. longirostris* y *H. bicuspis*. Hoy en día existe una importante controversia en cuanto a la nomenclatura válida para ambas especies, hasta el punto de que recientemente se han propuesto cambios muy significativos según las descripciones realizadas por Linneo. Para algunos autores como Rudie H. Kuiter el nombre correcto de *H. guttulatus* sería el de *H. hippocampus*, mientras que *H. hippocampus* debería denominarse *H. brevirostris*.

En las costas españolas existe muy poca información sobre los hábitos y costumbres de estas dos especies, ya que las densidades observadas son sumamente reducidas. *H. hippocampus* es sin duda la especie menos frecuente, al menos en aguas continentales, mientras que en las Islas Canarias tan solo se ha podido determinar con absoluta certeza la presencia de *H. hippocampus*. Hasta hace pocos años se pensaba que los ejemplares avistados de caballitos de mar en el archipiélago canario correspondían a *H. guttulatus*, pero los análisis genéticos realizados en todos los ejemplares detectados allí desde el año 2007 han descartado la presencia de esta especie en todas las zonas estudiadas, lo que no implica necesariamente que la especie no esté presente en aguas canarias. Por el contrario, tras más de seis años de inmersiones en distintas zonas de la costa gallega (rías de Ares, Arousa, Pontevedra, Aldán y Vigo) y el análisis genético de más de 228 muestras de aleta/cirro dorsal procedentes de otros tantos ejemplares salvajes, tan solo se confirmó que todos, excepto cuatro *H. hippocampus*, pertenecían a la especie *H. guttulatus*. Todo apunta pues a la escasa presencia de *H. hippocampus* en el litoral europeo, en beneficio de *H. guttulatus*.

En un estudio realizado en el Instituto de Investigaciones Marinas de Vigo sobre el efecto de la temperatura en el crecimiento y supervivencia de *H. guttulatus* se propuso que la temperatura sería el factor limitante en la distribución septentrional de esta especie, de tal modo que su presencia por encima de las costas inglesas u holandesas sería muy poco probable, ya que los niveles térmicos harían poco viable el desarrollo de esta especie. En dicho estudio se demostró que las mortalidades aumentan espectacularmente por debajo de los 15 °C y que el crecimiento de los juveniles se detiene completamente cuando los niveles térmicos descienden hasta los 13 °C.

FIGURA 7

Ejemplar de caballito de mar narizón (*H. guttulatus*) del litoral atlántico (Galicia). Proyecto Hippocampus (foto: A. Chamorro).

Los registros de ambas especies en las costas europeas son muy limitados, lo que dificulta considerablemente el estudio y seguimiento de las poblaciones salvajes. En general se trata de poblaciones dispersas y de pocos efectivos. Además de la ría de Formosa, las zonas donde más información se ha obtenido son la bahía de Arcachon (estudios de Jean Paul Boisseau) y la costa de Galicia (Instituto de Investigaciones Marinas —CSIC— y Universidade de Santiago de Compostela) en el caso de *H. guttulatus* y las costas de Canarias (Instituto Canario de Ciencias Marinas y Universidade de Santiago) en el de *H. hippocampus*. También se han obtenidos datos sobre aspectos determinados en poblaciones mediterráneas del mar Menor y de las costas de Francia, Italia, Grecia y Turquía, especialmente de *H. guttulatus*. La carencia de registros históricos no facilita el análisis de la evolución temporal de las poblaciones salvajes, pero la información de carácter no científico que han proporcionado personas estrechamente relacionadas con el litoral marino (pescadores, buceadores, etc.) ha puesto de manifiesto una fuerte regresión de las poblaciones, habiendo desaparecido o mermado sus efectivos en numerosas localidades costeras donde los caballitos de mar habían formado parte de la fauna habitual hace apenas unas décadas e incluso menos. Como ejemplo de la reducida presencia de estas especies en nuestro litoral cabe señalar que tras 63 inmersiones realizadas en 2006 en 11 localidades de la isla de Gran Canaria, tan solo se detectaron 13 ejemplares de *H. hippocampus*.

Morfológicamente las dos especies presentan algunas similitudes, pero pueden diferenciarse a priori atendiendo a ciertas características morfológicas como el número de radios de las aletas dorsal y pectoral, la longitud del hocico y la forma de la cabeza. La presencia de pedúnculos blandos, también denominados filamentos o cirros, en la zona dorsal de la cabeza y el cuello y a veces también en la parte superior del tronco se ha utilizado tradicionalmente como elemento diferencial entre ambas especies. Sin embargo, se ha demostrado que no siempre es un elemento diferenciador válido. En los ejemplares de *H. guttulatus* lo habitual y más frecuente es que existan estos pedúnculos con mayor o menor profusión, aunque no siempre es así, ya que depende de la zona geográfica y a veces también de la edad y de ciertas características medioambientales como la vegetación. En el caso de *H. hippocampus* se había aceptado como una característica general la ausencia de estos elementos, pero se ha demostrado que en algunas poblaciones, sobre todo del Mediterráneo y Canarias, se dan todo tipo de situaciones, desde la carencia total hasta la presencia de numerosos pedúnculos. Este hecho se ha confirmado mediante análisis genéticos, lo que supone que los pedúnculos no son válidos por sí mismos para asignar un ejemplar a una u otra especie y que ciertos estudios más antiguos pueden no estar exentos de errores en la identificación de los caballitos de mar, en concreto los realizados en poblaciones del Mediterráneo. En *H. guttulatus* los pedúnculos suelen aparecer con la madurez sexual, a partir de los 11 cm de longitud. El número y desarrollo de los pedúnculos es muy variable. Hay poblaciones en las que están más desarrollados, lo que podría estar relacionado con una mayor o menor necesidad de mimetizarse en un hábitat determinado. En *H. hippocampus* no existe tal relación entre madurez sexual y desarrollo de los cirros, caso de que estén presentes. En Canarias, casi la mitad de los ejemplares de *H. hippocampus* tienen cirros, sobre todo las hembras, y parece ser que esa proporción disminuye con la edad. Esta desaparición podría ser una táctica en favor del apareamiento, de tal modo que en los ejemplares de mayor edad prime la necesidad de ser localizado por la pareja, a pesar de ir en detrimento de su capacidad de camuflaje.

En el capítulo anterior ya se indicó que filogenéticamente estas dos especies están menos emparentadas entre sí que con otras especies de caballitos que habitan zonas geográficas muy distantes, pero con semejanzas y diferencias en su biología y ecología. Se consideran especies simpátridas porque su distribución geográfica es muy semejante, aunque *H. hippocampus* alcanza regiones más meridionales (Senegal, Guinea, Azores). Localmente comparten muchos hábitats, pero mientras que *H. guttulatus* tiende a vivir en hábitats más complejos, con profusión de vegetación (elevado porcentaje de cobertura vegetal en el sustrato y con preponderancia del alga *Ulva lactuca*) y de fauna sésil, *H. hippocampus* prefiere áreas más abiertas, con menor vegetación y mayor exposición a la influencia oceánica, lo que indica una preferencia por una mayor visibilidad horizontal, por la profundidad y por una mayor corriente del agua. Esta preferencia también se observa en el tipo de soporte utilizado para agarrarse. En *H. guttulatus* no se ha observado preferencia alguna por soportes determinados, mientras que *H. hippocampus* prefiere habitar zonas más arenosas, generalmente evita soportes de ciertas algas como *Ulva lactuca* y animales sésiles y gusta de aferrarse a estructuras artificiales, a tubos de briozoos como *Bugula nerítica*, erizos y algas de pequeño porte (*Dyctiota, Ulva rigida, Padina*, etc.).

El color en ambas especies también tiene mucho que ver con el hábitat que ocupan. Mientras que *H. guttulatus* adopta un elevado mimetismo con las fanerógamas a las que suele estar asociado, con preponderancia de colores verdosos-marronáceos, el colorido de *H. hippocampus* es más variable, pudiendo llegar a ser casi negro, pero predominando un colorido similar a la arena, a fondos de conchas o a estructuras sésiles. Esto no es más que el resultado de la preferencia en esta última especie por microhábitats muy variados. La información anterior procede de los estudios realizados por la investigadora canadiense Janelle Curtis en la ría de Formosa (Faro), al sur de Portugal, donde habitan seguramente las mayores y más densas poblaciones europeas de caballitos de mar. Los resultados aportan información general sobre estas especies que, en mayor o menor medida, podría extrapolarse a otras zonas. En el caso de *H. hippocampus* de la costa canaria también se ha observado una preferencia por zonas arenosas dominadas por las algas *Cystoseira* y *Sargassum*, mientras que las áreas más rocosas no son tan del agrado de esta especie.

Tabla 3

Características generales de las dos especies europeas de caballitos de mar (*Hippocampus hippocampus* e *Hippocampus guttulatus*).

	H. HIPPOCAMPUS	H. GUTTULATUS	OBSERVACIONES
Descripción			
Talla (cm)	15	21,6	Machos más grandes que las hembras
Longitud hocico (mm)	<1/3 longitud cabeza	>1/3 longitud cabeza	
Nº anillos en tronco	11	11	
Nº anillos en cola	37 (35-38)	37-39 (35-40)	
Coronilla	A veces muy angulosa en su parte superior	Pequeña, 1 espina frontal prominente	
Nº radios aleta dorsal	17 (16-19)	17-20	
Nº radios aleta pectoral	14 (13-15)	16-18	
Espinas	Pocas (adultos muy pocas)	Tamaño medio a prominente. Prominentes en ojos	
Cirros dorsales	No	Sí (dorsales en cabeza, cuello y a veces en tronco)	Presentes en algunos ejemplares mediterráneos y canarios de *H. hippocampus*
Color	Marrón moteado a amarillento. A veces anaranjado, púrpura o negruzco. A veces punteaduras blancas	De marronaceo a verde oscuro. Punteaduras blancas que coalescen formando líneas	
Vida media (años)	3-5	5-6	
Distribución	Mar del Norte hasta Mediterráneo y Senegal e islas Azores, Madeira y Canarias	Holanda, Reino Unido e Irlanda hasta mar Mediterráneo y mar Negro	Ejemplares africanos de *H. hippocampus* genéticamente diferentes de los europeos
Profundidad	0-60?	0-20	Zonas más profundas en invierno

TABLA 3

Características generales de las dos especies europeas de caballitos de mar (*Hippocampus hippocampus* e *Hippocampus guttulatus*). (Cont.)

Descripción	H. HIPPOCAMPUS	H. GUTTULATUS	OBSERVACIONES
Hábitat	Zonas costeras en áreas rocosas y macroalgas de fondos arenosos. Lagunas costeras con influencia oceánica	Aguas someras y lagunas costeras entre algas y praderas vegetales (Zostera, Posidonia) o entre rocas	
Desplazamientos	Limitados (1-18 m2). Dispersión por corrientes y *rafting*	Limitados (hasta 58 m^2). Dispersión por corrientes y *rafting*	
Alimentación	Zooplancton (pequeños crustáceos y otros organismos)	Zooplancton (pequeños crustáceos y otros organismos)	
Época de reproducción	Abril-octubre	Marzo-octubre	
Edad madurez sexual (cm)	7,7	12-13	
N° medio huevos/lote	200-300	400-500	*H. guttulatus*: máx. 961 en cautividad
Talla recién nacidos (mm)	9-11	13-15	

La época de reproducción de los caballitos de mar europeos se extiende desde marzo-abril hasta septiembre-octubre, coincidiendo con las temperaturas anuales más favorables y la mayor disponibilidad de alimento (zooplancton) para los juveniles. Aunque se ha señalado que el apareamiento/nacimiento en Arcachon (Francia) puede ocurrir en coincidencia con la luna llena, no parece que este hecho sea extrapolable a otras regiones. *H. hippocampus* es una especie que puede llegar a alcanzar los 15 cm de longitud, muy por debajo de los casi 23 cm de *H. guttulatus*. Estas diferencias de tamaño también se ven reflejadas en algunos aspectos reproductivos, de tal modo que el tamaño de los huevos y de los recién nacidos, así como el número de descendientes por lote, es mucho más pequeño en *H. hippocampus*.

Después de abandonar el saco incubador del macho y tras una primera fase planctónica, los juveniles adoptan una vida bentónica a partir de las 2-3 semanas en *H. hippocampus* y de las 3-4 semanas en *H. guttulatus*. No se conoce muy bien lo que sucede desde ese momento hasta que una vez alcanzada cierta talla los subadultos inician el desplazamiento y colonización de los mismos hábitats que los adultos, hecho que suele producirse en primavera, una vez superadas las condiciones desfavorables del primer invierno.

La madurez sexual se alcanzará a partir de los 8 (*H. hippocampus*) o 12-13 (*H. guttulatus*) cm de longitud. La esperanza de vida es de tres a cinco años en *H. hippocampus* y de 5-6 en *H. guttulatus* y hasta que lleguen a esa edad los caballitos de mar se aparearán varias veces al año durante los meses de primavera-verano en las zonas más adecuadas para cada especie, en tanto que en los meses de invierno-otoño se producirán migraciones (muy poco documentadas) hacia zonas presumiblemente más profundas para resguardarse de los temporales que suelen arrasar las cubiertas vegetales que les sirven de asidero.

CAPÍTULO 7
Explotación de poblaciones salvajes: la medicina china y otros usos

El ser humano siempre ha estado vinculado al mar y a la explotación de sus recursos, se las ha ingeniado para encontrar la manera de aprovechar esa inmensa fuente de alimentos y con el desarrollo de las civilizaciones ha llegado a dominarlo en muchos terrenos. En su novela *20.000 leguas de viaje submarino*, publicada en 1870, el gran visionario Julio Verne planteó la posibilidad de una civilización autosuficiente que dependiera por completo del mar. En la novela también se pueden encontrar recetas y elaboraciones relacionadas con el mar, incluso con algas, hoy en día tan de moda. Julio Verne fue una mente privilegiada adelantada a su tiempo. Posiblemente también lo sea el arquitecto francés Vincent Callebaut con su proyecto Lilypad, toda una ecópolis flotante, con una superficie suficiente para albergar cultivos, puertos y hasta 50.000 habitantes, que se pretende construir a comienzos del próximo siglo ante las amenazas del calentamiento global y el futuro aumento del nivel del mar.

Desde los primeros explotadores prehistóricos, que pescaban para alimentarse, hasta el futurista e incierto proyecto

Lilypad, pensado para sobrevivir, se han ido incorporando intereses de todo tipo para el aprovechamiento del mar. A esos océanos y mares, inicialmente provisorios de alimentos, les hemos pedido cada vez más. Materias primas, minerales, combustibles y un sinfín de productos inimaginables hasta hace pocos años han ido surgiendo de sus entrañas. Los avances tecnológicos han posibilitado hasta la obtención de productos farmacéuticos y medicamentos con características únicas en el planeta. Lamentablemente esta evolución en la explotación de los recursos y en el desarrollo de las poblaciones costeras solo ha sido posible pagando un alto peaje: la destrucción progresiva del medio marino y de su flora y fauna.

La biodiversidad marina, ese bien cada vez más valorado por la creciente sensibilidad hacia su destrucción, se está resintiendo en estas últimas décadas por el progreso e industrialización de las zonas costeras. La explotación y utilización indiscriminada de los recursos vivos marinos está afectando gravemente la conservación de nuestro patrimonio natural. Los recursos vivos marinos no son ilimitados, pero mucho antes de que fuéramos conscientes de ello algunas civilizaciones antiguas (China, Egipto, Babilonia) ya habían aprendido a sacar provecho de ellos, como alimento o con otros fines como los medicinales. Sin duda, uno de los aprovechamientos más antiguos y que aún perdura en la actualidad está relacionado con lo que se denomina Medicina Tradicional China (TCM, por sus siglas en inglés), nombre que se da comúnmente a una serie de prácticas médicas tradicionales desarrolladas en China surgidas a lo largo de su evolución cultural milenaria. La TCM incluye diferentes modalidades de tratamientos, pero la que nos interesa en este libro es lo que se denomina fitoterapia china, que consiste en el suministro de un cóctel (hay numerosas modalidades) de hierbas a las que también se incorporan productos de origen mineral y animal. En estos últimos se utilizan partes o ejemplares completos de especies animales protegidas o en vías de extinción. Ingredientes populares son los cuernos de rinoceronte o los huesos de tigre. Esta actividad se remonta al menos a casi dos siglos antes de Cristo, época en la que se selló la tumba del yacimiento arqueológico chino MaWangDui (dinastía Han) donde se encontró el manuscrito *Recetas para 52 dolencias*. Actualmente la TCM utiliza más de 11.000 especies de vegetales y animales, poniendo en peligro a grandes mamíferos (osos, tigres, rinocerontes) pero también a especies como los caballitos de mar, ya que se considera que tienen un efecto contra la impotencia, el asma, la arterioesclerosis y problemas del corazón, entre otros. Los productores y comerciantes de estos productos generalmente proclaman que los animales proceden de la cría en cautividad, pero la realidad es otra muy diferente. En el caso de los caballitos de mar, hoy en día no existen granjas capaces de producir, ni siquiera de acercarse lo más mínimo, las cantidades de ejemplares que demanda la TCM. Hay estimaciones cuantitativas realmente escalofriantes de la cantidad de caballitos de mar que anualmente se capturan en el mar para satisfacer las necesidades y demanda de la TCM y otros usos. En el año 2009 se estimó que la cantidad de ejemplares capturados podría superar los 20 millones. Esta cifra podría aumentar anualmente en un 10%, lo cual es alarmante. La gran mayoría de estos ejemplares se importan de países cercanos como Vietnam, Filipinas o la India, en cuyas aguas están presentes muchas de las especies conocidas de *Hippocampus*. La esquilmación de las poblaciones naturales de caballitos de mar ha llegado a tal punto que muchas poblaciones salvajes han visto reducidos sus efectivos en más del 50%. Hay estimaciones que indican que podríamos asistir a su desaparición en unos 20-30 años de muchas especies si no se adoptan las medidas oportunas.

La TCM se utiliza en su país de origen, China, pero también en otros países del sudeste asiático como Tailandia. La demanda mundial es de unas 500 toneladas de producto seco. Un 40% de esta cantidad le corresponde a China, que tiene que recurrir a importaciones para satisfacer sus necesidades. El precio de un kilogramo de caballitos secos oscila entre los 500 y los 2.500 euros, dependiendo de la calidad y de su tamaño.

Los argumentos que esgrimen los usuarios de la TCM para justificar su necesidad son básicamente dos: se trata de un producto natural de tradición milenaria y no tiene efectos secundarios como muchos fármacos. Muchos consumidores son reacios al consumo de fármacos modernos y están dispuestos a pagar más por un producto procedente de la naturaleza. Un tratamiento alternativo, que se suministra entre una semana y 10 días, cuesta un mínimo de unos 12-24 euros, pero su precio puede llegar a los 40 euros si incluye componentes de mayor coste económico como los caballitos de mar. Sin embargo, cada día es mayor la diversidad de productos que se comercializan como píldoras o cápsulas, más accesibles y de menor precio que la TCM, pero con una trazabilidad mucho más mucho más difícil de determinar. El progresivo agotamiento de ejemplares salvajes adecuados (más grandes, pálidos y lisos) para la TCM más tradicional está favoreciendo que se desvíen con mayor intensidad los ejemplares rechazados por la TCM (ejemplares oscuros, espinosos, de menor talla) hacia el mercado de *productos elaborados*.

Por si fuera poco, el problema de la desaparición progresiva de las poblaciones naturales de caballitos de mar no se ve como tal por los consumidores y mucho menos por los vendedores, quienes también creen que el mejor fin que pueden tener estos peces es su uso como producto medicinal para el ser humano. Afortunadamente la situación ha llegado a alcanzar un punto tan crítico que hasta los propios investigadores chinos han alertado del problema y se han iniciado acciones para la construcción de macrogranjas potencialmente capaces de suministrar lo que el mercado necesita. Incluso se ha pensado en la posibilidad de utilizar técnicas de clonación para aumentar la eficiencia de la producción en cautividad. Actualmente está prevista la construcción de una granja en Hainan, con una capacidad de producción de 50 toneladas anuales. El futuro nos confirmará o desmentirá la realidad y viabilidad de estos proyectos tan ambiciosos.

Además de la TCM, hay otras actividades humanas que se nutren de caballitos de mar capturados en el medio natural. De todas ellas, seguramente la más significativa es la de la gastronomía, limitada a países asiáticos con China o Tailandia a la cabeza. De sobra conocidas son las peculiares características de muchos países orientales en lo referente a la incorporación de especies que en Occidente consideramos repugnantes o simplemente impropias para nuestra civilización. Como muchas facetas de nuestra vida, los gustos gastronómicos tienen una importante base cultural que difiere enormemente de unos países a otros. A los ojos de un ciudadano educado en Europa o América, el sacrificio de animales que forman parte de nuestras mascotas es algo incomprensible. Lo mismo sucede con especies que podemos denominar raras por el simple hecho de no haber estado incluidas jamás en nuestra lista de la compra. Pero nuestra realidad difiere mucho de otras muchas realidades que conforman la multitud de costumbres del ser humano. Si nos adentramos en la gastronomía oriental, y la china en particular, aunque sea con los ojos cerrados, nos encontraremos nuevamente con los caballitos de mar como elemento culinario. Podemos encontrarlos en sopas, fritos o insertados en un palito como si se tratara de una brocheta, junto a escorpiones, cucarachas, grillos y otros especímenes claramente desagradables para nuestros gustos. Un caballito de mar frito ensartado en un palito podrá hacer las "delicias" de nuestro paladar por menos de 1,50 euros. En el centro de Bangkok se pueden encontrar numerosos establecimientos con caballitos de mar secos o listos para su consumo e inmensos expositores con decenas de kilos de ejemplares secos.

Figura 8

Ejemplos del comercio de caballitos de mar para la medicina tradicional china y la gastronomía.

La utilización de los caballitos de mar en la gastronomía y la medicina tradicional china se basa aparentemente en sus importantes propiedades. Se dice que son capaces de fortalecer la respiración o curar los problemas de riñón si los mezclamos con salamandra en una pócima con hierbas. Pero no debemos olvidar su *mejor* cualidad, el fortalecimiento de la virilidad masculina o su acción como afrodisíacos. El cuerno de rinoceronte, los penes de buey, tigre, perro o toro, el cerebro de mono, la bilis de serpiente, las lagartijas o un hongo que crece en las larvas de la polilla del murciélago son potenciales alternativas a los caballitos de mar si deseamos fortalecer nuestras relaciones amorosas. Tal como leí una vez en un artículo periodístico, produce cierta frustración ver cómo se utilizan animales protegidos o en peligro de extinción cuando tenemos a nuestra disposición unas maravillosas pastillas de Viagra para *salvar a nuestra especie*. Tailandia es uno de los mayores centros de tráfico de animales protegidos o en peligro de extinción, cuyo destino final será China, Vietnam o Malasia. La utilización de estas especies aumentan el tráfico ilegal y sus propiedades medicinales carecen de base científica alguna.

Los caballitos de mar también se venden como simples recuerdos turísticos, con un mercado que se abastece anualmente con un más de un millón de ejemplares. Con un volumen de ventas algo superior y en creciente aumento nos encontramos con el sector de la acuariofilia, basada en ejemplares procedentes del medio natural, en el que el importe de los caballitos de mar alcanza precios muy importantes y en el que cada vez se suman más especies. Este tipo de acuariofilia, nada respetuosa con la conservación de la biodiversidad marina, nada tiene que ver con la que se nutre de ejemplares producidos en cautividad. Como a perro flaco todo son pulgas, hay dos hechos recientes muy interesantes que a nuestros caballitos de mar no les debe hacer demasiada gracia. Ambos están relacionados con su uso medicinal y suponen un aumento de su consumo por dos motivos. Uno de ellos está relacionado con su alto contenido en colágeno, lo que está fomentando su uso en sustitución del bótox. El otro es el incremento en el suministro de píldoras que contienen caballitos de mar por el convencimiento (también infundado) de que favorecen el crecimiento infantil.

CAPÍTULO 8
Especies protegidas. ¿Qué podemos hacer por ellas?

A la vista de la gravedad que ha ido adquiriendo la situación de las poblaciones naturales de caballitos de mar, hace unos años se decidió adoptar medidas paliativas para reducir y controlar su comercio internacional. Inicialmente se decidió incluir todos los caballitos de mar como especies amenazadas en la Lista Roja de la UICN (Unión Internacional para la Conservación de la Naturaleza). Creada en 1948, esta organización es la mayor red medioambiental mundial y tiene por misión influir, estimular y apoyar a las sociedades de todo el planeta con objeto de mantener la integridad de la naturaleza y asegurar el uso equitativo y ecológicamente sostenible de los recursos naturales. La Lista Roja utiliza varias categorías para determinar la situación de las especies incluidas en ella. Para ello es necesario conocer su distribución y abundancia, estudiar la existencia de fragmentaciones en las poblaciones y determinar caídas importantes o continuas en el tamaño de estas. Actualmente, de las 38 especies del género *Hippocampus* incluidas en la lista, 10 permanecen como vulnerables y una en peligro (*H. capensis*). Todas las demás, excepto una de preocupación menor, se han incluido en la categoría de especies deficientes en información. Las dos especies europeas están actualmente catalogadas como deficientes en información. Esto significa que, como en la mayoría de especies de caballitos de mar, es necesaria la obtención de suficiente información, de la que actualmente se carece, para determinar si las poblaciones se encuentran amenazadas o en peligro. La UICN determina un nivel de protección para las especies de su Lista Roja, pero no regula el tráfico y comercio de ejemplares salvajes, si bien sus criterios son de gran utilidad y se aplican para esos fines. De esa misión se ocupa el Convenio CITES (Convención sobre el Comercio Internacional de Especies Amenazadas de Fauna y Flora Silvestres), firmado por 21 países en 1973, al que actualmente están adheridos 178 países. España se adhirió en 1986. El Convenio CITES establece una red mundial de controles del comercio internacional de especies silvestres amenazadas y de sus productos, exigiendo la utilización de permisos oficiales para autorizar su comercio. El Convenio establece cupos máximos de captura que deben ser respetados por los países firmantes y engloba a todas las especies del género *Hippocampus* en el apéndice II del año 2002.

Además de gozar del amparo de las organizaciones UICN y CITES, los caballitos de mar también están protegidos a niveles inferiores, ya sea de tipo supranacional o nacional. El género completo está incluido en el apéndice D de la Regulación 338/97 y en las Convenciones de Berna y Barcelona. En el caso concreto de las especies europeas, estas también gozan de protección a nivel nacional en determinados países europeos como Croacia, Turquía, Georgia, Ucrania, Bulgaria, Portugal, Francia, Reino Unido y Eslovenia. El Convenio OSPAR (The Convention for the Protection of the Marine Environment of the North-East Atlantic), que tiene por objeto prevenir y eliminar la contaminación así como proteger el entorno marino del nordeste Atlántico de los efectos nefastos de la actividad humana, también incluye a *H. hippocampus* e *H. guttulatus,* así como las praderas de *Cymodocea* y *Zostera,* entre las especies y biotopos protegidos. En 2011, la legislación española las incluyó en el Listado de Especies Silvestres en Régimen de Protección Especial (LESPE). Sorprendentemente no figuran en los listados de especies protegidas de ciertas comunidades autónomas como la de Galicia.

Las poblaciones de caballitos de mar son vulnerables debido a su organización social y espacial y a características biológicas y ecológicas como las siguientes:

- Los machos son portadores de la descendencia, por lo que la supervivencia de esta depende de la de los machos.
- La capacidad reproductora es limitada debido a un cuidado parental largo y a un tamaño de la prole muy reducido.
- Su distribución es dispersa, tienen escasa movilidad, reducido espacio vital y la fidelidad de las parejas en la mayoría de las especies limita la sustitución de compañeros desaparecidos y la capacidad de los juveniles para recolonizar áreas que hayan sufrido regresión poblacional.
- Las tasas de mortalidad de los juveniles son muy elevadas debido a la depredación.
- Las tasas de mortalidad de los adultos son bajas, pero pueden aumentar seriamente debido a pescas accidentales y al deterioro de sus hábitats naturales.

Tabla 4

Categorías de la IUCN en las que se incluyen las especies conocidas de caballitos de mar.

CATEGORÍAS[1]	
Deficientes en información	No hay información adecuada para hacer una evaluación de su riesgo de extinción basándose en la distribución y/o condición de la población. No es una categoría de amenaza. Se reconoce la posibilidad de que investigaciones futuras demuestren apropiada una clasificación de amenazada
Preocupación menor	Especie evaluada con distribución amplia y abundante
Vulnerables	Riesgo de extinción alto en estado de vida silvestre
En peligro	Riesgo de extinción muy alto en estado de vida silvestre

CATEGORÍAS IUCN EN CABALLITOS DE MAR[2]

Deficientes en información	Vulnerables	En peligro	Preocupación menor
H. abdominalis	H. algiricus	H. capensis	H. sindonis
H. alatus	H. barbouri		
H. angustus	H. comes		
H. bargibanti	H. erectus		
H. borboniensis	H. histrix		
H. breviceps	H. ingens		
H. camelopardalis	H. kelloggi		
H. coronatus	H. kuda		
H. denise	H. spinosissimus		
H. fisheri	H. trimaculatus		
H. fuscus			
H. guttulatus			
H. hendriki			
H. hippocampus			
H. jayakari			
H. lichtensteinii			
H. minotaur			

TABLA 4

Categorías de la IUCN en las que se incluyen las especies conocidas de caballitos de mar. (Cont.)

CATEGORÍAS[1]
H. mohnikei
H. pontohi
H. reidi
H. satomiae
H. severnsi
H. subelongatus
H. whitei
H. zebra
H. zosterae

[1] (WWW.IUCNREDLIST.ORG).
[2] FUENTE: IUCN (2013).

Todos estos condicionantes han determinado, pero no han sido la causa, de la regresión de las poblaciones salvajes del sudeste asiático por el suministro a la TCM y otros usos. La recolección indiscriminada y muchas veces ilegal, al margen de los controles que impone CITES, es una realidad que afecta gravemente la biodiversidad, pero que no debe analizarse solo desde ese punto de vista. Efectivamente, este comercio mueve mucho dinero, que en su mayor parte va a intermediarios y grandes comercializadores, pero no es menos cierto que de él también dependen muchas comunidades locales de pescadores, de escasísimos ingresos y muy bajo nivel de vida, que desarrollan su actividad con unos beneficios nimios que apenas les alcanza para sobrevivir. La regulación de esta pesca es absolutamente necesaria, pero debe realizarse sin dejar al margen a este sector y ofreciendo alternativas que permitan una subsistencia y un desarrollo dignos. Estas actividades son bien conocidas en Filipinas, donde los pescadores los capturan por la noche con linternas o faroles (así se les hace creer que es de día), los secan antes de ser vendidos y exportados a China, Estados Unidos, Reino Unido y Portugal. La regulación del comercio filipino redujo considerablemente (92%) el volumen de exportaciones hasta tal punto que prácticamente ya no se realizan. Esta es la versión oficial, pero lo cierto es que la pesca y el mercado ilegal es una realidad cuya erradicación exige una ardua labor de educación y concienciación de los pescadores y el cumplimiento de la ley por parte de las autoridades gubernamentales en los países que libremente forman parte del Convenio CITES. Project Seahorse Foundation ha realizado un trabajo espectacular en Filipinas y en otras zonas del planeta, ayudando y concienciando a los pescadores, pero los resultados a la larga no siempre han sido los esperados. A veces se requiere permanente control e instrucción y si no es así se puede regresar al pasado en muy poco tiempo, tal como ocurrió en el Parque Marino de Handumon, donde tan solo dos años después de que finalizara el trabajo de la fundación los pescadores comenzaron a utilizar dinamita (algo que no resulta tan desconocido en nuestras latitudes) para capturar caballitos de mar. Afortunadamente, las capturas clandestinas han disminuido mucho en Filipinas y también en otros países como Brasil (con *H. reidi*) o Perú (con *H. ingens*), donde desde hace unos años se persigue y castiga duramente a los traficantes y comerciantes ilegales.

Aunque se compartan algunas causas en lo referente a la destrucción de poblaciones salvajes, la problemática de países fuertemente implicados en el comercio internacional es bastante diferente a la de los demás países, sobre todo en los más industrializados, donde la presión sobre los caballitos del medio natural se debe a otros condicionantes, ya que las capturas directas de caballitos de mar son poco importantes.

Sin embargo, hay actividades de la pesca que afectan, a veces con cierta gravedad, a las poblaciones naturales. Es lo que sucede con pesquerías comerciales en ciertas zonas de Costa Rica o de México en las que el centro de la actividad está en otras especies, como el langostino, pero que indirectamente destruye a los caballitos, ya sea por pesca accidental, ya sea por la destrucción de su hábitat cuando no se usan las artes de pesca adecuadas. Este sería el caso de la pesca con artes de arrastre, que destruyen todo lo que encuentran a su paso a nivel del fondo marino. Aun así, las capturas accidentales en estos países son irrisorias comparadas con lo que suponen en Filipinas, Vietnam, Tailandia, la India o Malasia.

Las legislaciones actuales necesitan ser actualizadas para fomentar el uso de una pesca estricta, selectiva y eficiente. También es necesario potencial las campañas de educación e información. Muchos ciudadanos, incluidos los pescadores, ni siquiera son conscientes de que los caballitos de mar son especies protegidas. Cada vez es más frecuente que algún pescador contacte con centros de investigación para notificar la captura de algún ejemplar porque saben que son especies a proteger. Sin ese conocimiento es difícil implicar a alguien en el cuidado de esta riqueza biológica y resulta mucho más sencillo y rápido dejar que los ejemplares mueran en las redes que devolver al mar lo antes posible los que se hayan capturado o, al menos, los machos preñados.

A nivel local, las poblaciones salvajes pueden verse seriamente afectadas por la destrucción medioambiental originada por actividades antropogénicas, ya que se requiere mucho tiempo para recolonizar zonas donde han desaparecido debido a su escasa movilidad y al reducido tamaño de su espacio vital. En el caso de las poblaciones de especies europeas la información disponible sobre la evolución poblacional es escasa.

Se han descrito reducciones puntuales de hasta un 94% en el número de efectivos de algunas poblaciones (ría de Formosa), pero la tendencia global no se ha podido evaluar. En Galicia, otra de las zonas de donde más información se ha obtenido, los estudios realizados por el Instituto de Investigaciones Marinas (CSIC) en el marco del Proyecto **Hippocampus** han puesto en evidencia una gran dispersión poblacional y una abundancia sumamente baja. Además, en el caso concreto de *H. guttulatus*, los estudios genéticos realizados por el grupo de la doctora Carmen Bouza con marcadores microsatélite indican que las poblaciones salvajes se caracterizan por unos niveles moderados de diversidad genética y de tamaño poblacional efectivo, un flujo genético constante y una estructura genética baja, presentando signos de un cuello de botella histórico en la evolución de estas poblaciones. Esta información genética parece ser compatible con la existencia de al menos una unidad de gestión genética (poblaciones que, por no ser demográficamente independientes, requieren una gestión conjunta) en el noroeste del litoral ibérico, requiriéndose su conservación genética en una región (Cantábrico y Atlántico peninsular), cuyos hábitats son muy vulnerables debido a una alta influencia antropogénica.

La concienciación sobre la necesidad de proteger a las poblaciones y sus hábitats ha crecido enormemente por las informaciones de carácter no científico procedentes de ONG, buceadores y pescadores. El desarrollo costero a cualquier precio, las prácticas de pesca destructiva, las capturas intencionadas (Italia, Francia, España y Portugal), los cambios originados por el cambio climático y la contaminación han puesto en serio peligro nuestras especies. Además de conservar el medio litoral y de fomentar actividades de sensibilización, son varias las acciones que habría que emprender a nivel más reducido. Pocos son los que han tenido la oportunidad de encontrarse con un caballito de mar vivo, a lo sumo muerto y seco. Si hacemos memoria rápidamente nos vendrán a la cabeza imágenes que nos recordarán haber visto un caballito de mar en algún momento o lugar. Una tienda de artículos de regalo, la pared de un restaurante o una exposición en un gran acuario son algunos de los lugares más habituales donde un ciudadano común puede haberse encontrado con alguno de ellos. Si realizáramos un análisis genético de estos ejemplares, los resultados no serían sorprendentes. La mayoría de ellos proceden de capturas en el mar. No es necesario señalar que evitar la adquisición de *souvenirs* que incluyan caballitos de mar aportaría un granito de arena muy valioso en esta lucha por su supervivencia. Las posibilidades que ofrecen muchas páginas de venta *on-line* han permitido la compra de caballitos secos o de productos elaborados con ellos. Si lector dispone de unos minutos podrá comprobar personalmente cómo hay cientos de anuncios relacionados en muchas páginas chinas bien conocidas. Personalmente acabo de comprobar que podría adquirir un ejemplar seco de un anunciante asiático en una página de compra-venta muy conocida por unos 10-12 euros. Aproximadamente el 95% del comercio mundial de caballitos de mar se vende como producto seco. Su adquisición sigue favoreciendo la esquilma de estas especies y ya va siendo hora de que se prohíban completamente este tipo de actividades. Es cierto que en las páginas web con sede en Europa de otra muy conocida empresa de compra-venta y subastas *on-line* se ha prohibido su venta, pero sería éticamente deseable que se prohibiera en todas las plataformas de esta y otras páginas del mundo. De todos modos, algo está cambiando. Hace tan solo un año tuve la necesidad de acceder a páginas de este tipo para incluir este tipo de información en un curso que estaba preparando. Encontré anuncios de todo tipo que hasta incluían ventas de dragones de mar. Recientemente he podido comprobar que el número de anuncios de ventas relacionadas se había reducido de manera significativa.

El papel que desempeñan los grandes acuarios, públicos o privados, como instituciones educativas y fomentadoras de la cultura es incuestionable. Lamentablemente, la exposición de muchas especies solo es posible si previamente se han capturado en el mar. Generalmente se trata especies raras y difíciles de conseguir. Los grandes avances en el sistema de comunicaciones a nivel mundial han permitido el intercambio de especímenes entre acuarios. Algunos también cuentan con actividades de investigación que han facilitado la reproducción de ciertas especies en sus propias instalaciones. Hoy en día hay acuarios de reconocido prestigio que son capaces de autosatisfacer sus propias necesidades, como el National Aquarium de Baltimore, en Estados Unidos, muy reconocido por sus actividades de exposición de caballitos de mar y también por algunas acciones de conservación. Sin embargo, no es un ejemplo generalizable, ya que aún existen muchos acuarios que siguen abasteciéndose de ejemplares salvajes, previo permiso de captura por parte de las autoridades competentes.

En otra escala, mucho más modesta que la de los grandes acuarios, nos encontramos con los aficionados a la acuariofilia, una actividad que no solo resulta placentera, sino que además de poder ser utilizada con fines educativos, especialmente para nuestros hijos, también tiene un gran potencial como fuente cultural y de conocimientos, muchos de los cuales han emergido de aficionados y han permitido avances importantes en la consecución de técnicas de cría en cautividad. Una actividad de este tipo basada en el respeto a la naturaleza y en el aprovisionamiento exclusivo de ejemplares criados en cautiverio es tan digna como cualquier otra afición relacionada con mascotas. El sector de la acuariofilia mueve anualmente más de dos billones de animales de todo tipo. De ellos, apenas un 2% corresponde a ejemplares producidos en cautividad. A la vista de estas cifras es indudable que cualquier esfuerzo dirigido hacia la progresiva sustitución de ejemplares salvajes por ejemplares producidos en cautiverio supondrá un enorme beneficio para la conservación de la biodiversidad y sus especies. En el caso de los caballitos de mar, las medidas de control comercial implementadas estos últimos años y el desarrollo de técnicas de cría en cautividad han tenido un impacto enorme, ya que la proporción de caballitos de mar cultivados pasó del 1% en 2002 al 97% en 2006. Estas cifras indican un claro efecto beneficioso de la piscicultura en la conservación de los *stocks* salvajes. No cabe duda de que el desarrollo de técnicas de cría en cautiverio constituye una herramienta con un gran potencial en la futura incorporación de ejemplares al sector de la acuariofilia y también como actividad productora de ejemplares susceptibles de ser introducidos en el medio natural para la conservación y reforzamiento de poblaciones salvajes.

La conservación de los caballitos de mar, como de la biodiversidad marina en general, depende de múltiples factores, algunos de los cuales escapan en gran medida a nuestro control (por ejemplo, los que actualmente está originando el cambio climático). Sin embargo, hay toda una serie de medidas que no solo están en nuestras manos, sino que también son nuestra responsabilidad. La destrucción del medio ambiente es sin duda un factor crucial con consecuencias muy alarmantes sobre la pérdida y degradación de los hábitats de los caballitos de mar. Las estimaciones existentes son francamente descorazonadoras, ya que cada media hora se destruye la superficie equivalente a un campo de fútbol. El ritmo de destrucción de las praderas vegetales marinas ha aumentado del 1% en 1940 al 7% actual, de tal modo que la tercera parte ha desaparecido en los últimos 130 años y el 58% de las que existen actualmente están en franca regresión. Por lo tanto, poner remedio a esta destrucción es una medida prioritaria que debe ir acompañada de la implementación de reservas marinas adaptadas a los caballitos de mar y que al mismo tiempo ofrecerá refugio y protección a toda una serie de especies acompañantes. En principio, la baja movilidad de los *Hippocampus* favorece el empleo de estructuras artificiales, como las redes gruesas de pesca, con las que se han obtenido resultados muy positivos en *H. whitei*. Sin embargo, la existencia de migraciones ligadas al crecimiento o a la época estacional en algunas especies implica la necesidad de establecer las estructuras artificiales en todos los hábitas necesarios para satisfacer las necesidades de los caballitos de mar en todas esas situaciones. Como normal general es preferible el uso de estructuras complejas que favorezcan también la implantación y abundancia de la epifauna móvil (anfípodos, copépodos) que forma parte habitual de la dieta de los caballitos de mar.

Cada especie presenta unos niveles de tolerancia diferentes frente a los diversos factores del medio en el que vive, ya sean bióticos o abióticos. Conocerlos nos permitirá aportar explicaciones de la evolución de las poblaciones. Para ello, la investigación es esencial, máxime en especies de las que desconocemos casi todo. El estudio de su distribución, abundancia, evolución poblacional, hábitats donde vive y características genéticas es esencial para evaluar la situación de una especie y también para facilitar el desarrollo de programas de conservación mediante la cría en cautividad. En el caso de que se detecten descensos poblacionales es cuando entra en juego la posibilidad de realizar el reforzamiento de poblaciones (si aún existen efectivos) o una reintroducción (si la especie ya ha desaparecido de una zona determinada). Estas actividades deben ir permanentemente ligadas a la actuación de las autoridades regionales o nacionales competentes con el fin de poder elaborar y ejecutar planes de protección y recuperación adecuados a cada especie. Muchas veces también es necesario y deseable contar con sectores implicados (los denominados *stakeholders* de los ingleses), como cofradías de pescadores, ONG o autoridades locales, entre otros. La implicación efectiva solo será posible si se satisfacen las necesidades de todos los implicados, para lo que es necesario realizar las pertinentes acciones de sensibilización y concienciación. Estas acciones no siempre son fáciles de realizar, ya que muchas veces intervienen factores, sobre todo de tipo económico, que es preciso analizar y si es necesario ofrecer contrapartidas en nombre del bien común. Las actividades educativas son otro factor clave para el sostenimiento de la biodiversidad marina. Es aquí donde los grandes acuarios, los museos, las organizaciones científicas y medioambientales y los centros educativos pueden y deben ejercer un papel decisivo. La gran ventaja de los caballitos de mar es su gran nivel de aceptación por los ciudadanos. Conservando estos peces también estaremos conservando el medio y la flora y fauna acompañante. Con el apoyo de una sociedad educada y consciente de esta problemática será mucho más fácil conservar nuestro patrimonio natural.

Especies tan populares como los hipocampos también son potencialmente muy interesantes en el sector del ecoturismo. En el caso de una actividad claramente en auge como esta, los beneficios económicos que produce a las entidades locales se acompañan de una labor cultural/educacional. El número de pequeñas empresas de buceo que incorporan en sus actividades las visitas guiadas submarinas es cada vez mayor y la demanda también. En muchos casos estas rutas turísticas están exclusivamente dirigidas a la observación de caballitos de mar. Los casos más destacables se encuentran en Australia, donde se desarrollan actividades turísticas (Dragon Search, Seadragon Foundation) y festivales (Yankalilla) a gran escala promovidos por comunidades y empresas locales que también incluyen la visita a instalaciones de plantas de cría de caballitos de mar y otros signátidos. Obviamente, estas acciones se realizan siguiendo códigos de conducta (especialmente en las inmersiones submarinas) desarrollados por el Gobierno y tienen una gran significancia desde el punto de vista educacional. Aunque en nuestras latitudes no es imprescindible contar con niveles tan elevados de ecoturismo, sí es posible la implementación de reservas marinas destinadas a estas actividades, lo que permitiría conservar e incluso mejorar el estado de esos ecosistemas y reducir la presión sobre otras poblaciones salvajes, educar y sensibilizar a los turistas y fomentar el desarrollo de la economía local.

Las acciones de conservación de poblaciones salvajes son siempre aconsejables, especialmente cuando estas presentan síntomas de deterioro o regresión. En estos casos hay dos posibilidades de actuación. Una de ellas, ya comentada, se refiere a la conservación del medio y a la instalación de arrecifes artificiales; la segunda es más compleja, ya que contempla la introducción de ejemplares criados en cautividad, ya sea para reforzar poblaciones cuando otro tipo de acciones de conservación no consiguen evitar que avance la regresión poblacional o para reintroducir la especie en zonas donde ha desaparecido. Hay investigadores y ecologistas que se muestran muy en contra de la repoblación de especies en el mar, aun cuando este tipo de técnicas se ha utilizado de manera muy efectiva en bastantes especies terrestres (osos, lince, monos, aves rapaces, etc.). Es cierto que el ambiente marino es menos controlable que el continental, pero hoy en día hay tecnologías disponibles (Telemetría acústica) que permiten realizar seguimientos muy precisos de los ejemplares introducidos. Por otro lado, las repoblaciones no se pueden hacer de cualquier manera, siendo siempre necesario cumplir ciertos requisitos y tener presente las consideraciones del *Re-introduction Specialist Group* de la UICN en el sentido de que son acciones complejas, de larga duración y costosas que requieren preparación previa y seguimiento posterior con el apoyo y financiación de los organismos implicados y competentes. De no ser así, las comunidades faunísticas pueden verse seriamente afectadas. Entre otros, los requisitos más importantes son los siguientes:

- Respetar las características genéticas de la población receptora, siendo necesario también el conocimiento de las características genéticas de los ejemplares criados en cautividad. Se trata también de evitar el aumento de consanguinidad en la población receptora, lo que exige un número mínimo de reproductores y una organización adecuada de los lotes de reproductores de cautiverio y planes de cruzamientos bien definidos. La reducción de la diversidad genética favorece la aparición de enfermedades y aumentar la vulnerabilidad de toda la población.
- Evitar la introducción de ejemplares que puedan presentar enfermedades. Tanto los ejemplares salvajes como de cautiverio sufren enfermedades, aunque a veces no son las mismas debido a las diferencias que

existen en uno y otro ambiente. Para evitar la introducción de enfermedades nuevas en el medio marino es imprescindible realizar los controles sanitarios necesarios previamente a la repoblación.
• No interrumpir la dinámica de las comunidades. El número de ejemplares a introducir debe ser el adecuado para evitar una excesiva competencia por el alimento y la desestructuración social de los individuos.

La eficiencia de una acción de repoblación o reforzamiento poblacional con caballitos de mar se desconoce, aunque hay resultados muy puntuales procedentes de diversas zonas del planeta. En el caso de *H. zosterae* se recuperaron tan solo el 0,33% de un total de 932 ejemplares marcados. Hay otros datos sin publicar que indican recapturas del 3,1%. En las costas españolas, en una repoblación a escala piloto realizada en una zona muy localizada de tan solo 250 m^2 en Punta Cavalo (ría de Arousa) por el Proyecto Hippocampus se consiguió reavistar en el plazo de 5 meses un 30% de adultos y un 20% de subadultos de un total de 20 ejemplares (10 de cultivo y 10 salvajes) de *H. guttulatus*. Estos últimos porcentajes son muy elevados y esperanzadores, considerando los obtenidos con otros peces pelágicos, lo que puede ser un buen indicador de potencial viabilidad en el caso de esta especie. Hay diversos factores que pueden influir en la evaluación del éxito de una repoblación. Es deseable que los animales lleven marcas, pero puede darse el caso de que algunas se pierdan. La variabilidad en la estimación también puede deberse a altas mortalidades naturales, presencia de poblaciones grandes y flexibles, mortalidades debido al muestreo, gran movilidad de las especies introducidas e intervalos de muestreo demasiado amplios. En el caso de los caballitos de mar es poco probable que las estimaciones sean erróneas por causa de los factores anteriores, excepto si los intervalos intermuestrales han sido muy amplios. Esto indicaría que los porcentajes de recaptura reales podrían ser muy superiores.

Finalmente, un aspecto que merece mi atención como investigador es el uso de los caballitos de mar en actividades de carácter científico o educativo, que siempre debe realizarse de acuerdo al Convenio sobre la Diversidad Biológica (CDB) y minimizando el impacto que pueda producirse sobre las poblaciones naturales, de tal modo que solo se sacrifiquen animales cuando sea absolutamente necesario para los fines perseguidos. Otras veces se podrá recurrir a ejemplares de colección, fotografías o vídeos. En algunos casos se pueden hacer análisis a partir de muestras no invasivas, como sería el caso de los análisis genéticos o de isótopos estables, que pueden realizarse en pequeñas muestras de aleta sin que entrañe peligro alguno para el pez. Sin embargo, otras veces es necesario recurrir al sacrificio de algunos ejemplares, ya que resulta imposible estudiar aspectos concretos *in vivo*. Sería el caso de estudios de gametos, requerimientos nutricionales, composición bioquímica, etc. En este tipo de estudios, la disponibilidad de ejemplares producidos en cautividad es una ayuda inestimable.

CAPÍTULO 9
Investigación y cría en cautividad

La acuicultura es el conjunto de actividades, técnicas y conocimientos de crianza de especies acuáticas vegetales y animales. Supone una importante actividad económica de materias primas de uso industrial y farmacéutico, de organismos vivos para repoblación u ornamentación y, fundamentalmente, de producción de alimentos acuícolas. Según la FAO, la acuicultura, que representa casi el 50% de los productos pesqueros mundiales destinados a la alimentación humana, es posiblemente el sector de producción de alimentos que presenta un crecimiento más acelerado. El origen de esta actividad se remonta a tiempos muy lejanos. Existen referencias de prácticas de cultivo de mújol y carpa en la antigua China, Egipto, Babilonia, Grecia, Roma y otras culturas euroasiáticas y americanas. Las referencias más antiguas se sitúan en torno al año 3500 a.C., en la antigua China. En el año 1400 a.C. ya existían leyes de protección frente a los ladrones de pescado. El primer tratado sobre el cultivo de carpa data del 475 a.C., atribuido al chino Fan-Li, también conocido como Fau Lai. Pero, pese a esta antigüedad, las actividades relacionadas con la producción de especies ornamentales es mucho más moderna, ya que se desarrollaron para cubrir las necesidades de un sector cada vez más en auge como el de la acuariofilia y que en la actualidad también supone una fuente de ejemplares para actividades de diversa índole como investigación o conservación de la biodiversidad.

En el caso de los caballitos de mar, los primeros intentos de cría en cautividad se realizaron en los años setenta del siglo pasado con la especie *Hippocampus trimaculatus,* aunque los primeros juveniles ya se habían obtenido 20 años antes. Entre los años setenta y noventa se incorporaron a esta actividad países como Estados Unidos, Nueva Zelanda y, fundamentalmente, Australia, país en el que se sentaron algunas bases preliminares para la cría de otras especies gracias a la investigación desarrollada con *H. abdominalis.* Coincidiendo con los primeros intentos de cría en el sudeste asiático hace poco más de dos décadas, concretamente con la especie *H. kuda* en Vietnam, se produjo el mayor desarrollo de las técnicas de producción de caballitos de mar a nivel mundial. Ello permitió la instalación de las primeras granjas dedicadas casi en exclusiva a estas especies y a otros parientes cercanos como los peces pipa. Algunas de ellas disponen de servicios de pedidos por Internet que incluyen el envío de un kit completo para el mantenimiento de los ejemplares en nuestros hogares. A priori todo parece muy sencillo y realmente es así si se dispone de un mínimo de conocimientos para cuidarlos en condiciones óptimas. El hecho de que todas las especies de caballitos de mar sean de origen marino ya limita de por sí el tipo de acuarios y también el tipo de aficionados que pueden permitirse la satisfacción de contar con estas bellezas de la naturaleza para disfrute personal. Esto ofrece ciertas garantías para estos peces, ya que generalmente se trata de aficionados que disponen de los medios técnicos y económicos adecuados y de conocimientos suficientes, adquiridos a veces tras muchos años de dedicación.

Los acuarios marinos siempre son más difíciles de mantener que los de agua dulce, y si se carece de un mínimo de conocimientos, es mejor no embarcarse en una aventura marina y restringir nuestra afición a las especies de aguas dulces. Esto no quiere decir que mantener caballitos en nuestro hogar sea una temeridad, sino más bien que no se trata de una actividad adecuada para aficionados noveles. Una persona mostró en cierta ocasión interés en adquirir un ejemplar de *H. guttulatus* como regalo de cumpleaños para una sobrina. La destinataria final posiblemente no fuera la más adecuada, así que se le explicó lo que implicaba esa solicitud. Al poco tiempo se recibió una respuesta muy amable en la que se indicaba que la sobrina tenía nueve años y que pensaba que se podría mantener un caballito igual que una pequeña carpa anaranjada en una pecera de cristal.

El desarrollo de técnicas de cultivo de peces para una especie determinada generalmente requiere años de investigación. Cuando se trata de especies destinadas a la alimentación humana, siendo previsible que a la larga se produzcan en elevadas cantidades, es relativamente sencillo que los proyectos se desarrollen con financiación total o parcialmente pública. En el caso de las especies ornamentales no ocurre lo mismo y lo más común es que los avances en las técnicas de cultivo se deban a los conocimientos que generan los aficionados a la acuariofilia, que, aunque muchas veces carezcan de un mínimo rigor científico, han permitido avances muy importantes para la cría de muchas especies ornamentales. En el caso de los caballitos de mar nos encontramos con una situación intermedia en la que los acuariófilos siguen aportando una valiosa información y en la que existen aportaciones de organismos públicos que han apostado por favorecer la investigación relacionada con especies protegidas y con el desarrollo de metodologías de cría en cautividad. Este sustento económico ha contribuido a que en la actualidad ya estén disponibles y se apliquen las técnicas de cría para más de una docena de especies de caballitos de mar, aunque no todas estén disponibles en el mercado. Muchas especies se exhiben en acuarios de todo el mundo, pero su procedencia es de poblaciones salvajes.

En el caso de las especies europeas, aunque bastantes años atrás ya se habían obtenido descendientes de machos capturados preñados en el mar en Francia, los primeros descendientes y el primer ejemplar adulto producidos fruto de apareamientos realizados en el laboratorio se obtuvieron en 2007 con la especie *H. guttulatus* en el marco del Proyecto Hippocampus. Este proyecto fue coordinado por el Instituto de Investigaciones Marinas (CSIC) de Vigo y también contó con la participación del Instituto Canario de Ciencias Marinas, encargado de los estudios con *H. hippocampus*, y con el Grupo Acuigen de la Universidade de Santiago de Compostela (Campus de Lugo), que realizó todos los estudios de genética en el proyecto. Posteriormente se incorporaron a estudios de cría en cautividad otros organismos/entidades, fundamentalmente de España y Portugal. Los primeros años no resultaron fáciles y se puso de manifiesto la dificultad que implicaba la cría de las especies europeas, particularmente la de *H. guttulatus*. Entonces ya se habían conseguido crías con cierto éxito de otras especies, como *H. abdominalis*, pero la información disponible era muy reducida y cualquier iniciativa suponía prácticamente comenzar de cero. Aunque pueda parecer sorprendente, se comprobó que no todas las especies de caballitos de mar responden del mismo modo, ya que difieren en ciertos aspectos de su biología y fisiología tanto los adultos como los estados menos desarrollados, lo que afecta de manera importante al proceso de cría. Sin embargo, a pesar de todos los inconvenientes que se presentaron y que supusieron verdaderos quebraderos de cabeza, recientemente se ha conseguido cerrar definitivamente el ciclo de *H. guttulatus* al haberse alcanzado en el Instituto de Investigaciones Marinas de Vigo la tercera generación en condiciones de laboratorio. Esto se ha logrado gracias a mejoras notables en determinadas etapas del cultivo, especialmente en tres: alimentación de los reproductores, alta calidad de los recién nacidos y condiciones adecuadas (alimentación, condiciones físico-químicas y diseño del acuario) en la cría de juveniles. De esta manera se ha conseguido pasar de supervivencias al mes de vida de menos del 1% a más del 80%, con tasas de crecimiento que duplican las del medio natural. Unos logros que han permitido introducir por primera vez a esta especie en el mercado de la acuariofilia y surtir de ejemplares cultivados a los grandes acuarios, entre otras entidades.

El proceso de cría industrial de los caballitos de mar no dista mucho del de cualquier especie de pez, pero presenta ciertas singularidades que ha sido necesario descubrir. El proceso consiste básicamente en el mantenimiento de lotes de reproductores que producirán los recién nacidos, que a su vez se criarán en unas condiciones determinadas dependiendo de la especie. Este proceso, que a priori parece sencillo, no lo es tanto cuando hay que establecer las condiciones más adecuadas en aspectos tan variados como la alimentación, la temperatura o el ciclo de luz (fotoperiodo), entre otros. El mantenimiento de los cultivos depende de la existencia y correcto funcionamiento de instalaciones que permitan que la calidad del agua y sus características sean las adecuadas. Estas instalaciones incluyen sistemas de bombeo y filtración del agua, aerosoplantes para aireación de los sistemas de cultivo y sistemas de ajuste y control de la temperatura. Es habitual también disponer de algún sistema de tratamiento del agua para reducir la carga bacteriana. Para esto se suelen emplear unidades de luz ultravioleta y los denominados biofiltros. Uno de los aspectos más importantes que se deben tener en cuenta es el del diseño de los acuarios o tanques de cultivo. Mientras que en muchas especies que se producen a gran escala se utilizan tanques de agua de hasta 20.000 litros o más, con los caballitos de mar se suele trabajar a una escala mucho menor, pero sin olvidar que para favorecer la danza nupcial de los futuros padres debemos mantener una cierta altura en la columna de agua, ya que si esta es insuficiente, los caballitos darán con la cabeza fuera del agua y la danza concluirá sin pena ni gloria. Tiempo perdido. Por eso no es raro ver acuarios de reproductores que pueden alcanzar el metro de altura o más.

Las técnicas de reproducción de peces y el conocimiento de su fisiología han avanzado mucho en las últimas décadas. En una gran cantidad de especies importantes dentro del sector de la acuicultura ya es una realidad el control sobre la reproducción y sobre aspectos relacionados con esta, como obtener individuos que sean todos de un mismo sexo. Al tratarse de especies con una intensidad investigadora mucho más reciente, en los caballitos de mar prácticamente está todo por descubrir en este tema. Sin embargo, se han realizado algunos avances muy notables. Una de las grandes ventajas de producir peces en condiciones controladas es que puede alterarse la época de reproducción y desplazarla en el año al periodo que más interese. Esto se consigue modificando o desplazando en el tiempo los ciclos de luz y temperatura a que se someten los reproductores. En realidad, se trata de un engaño que se ha podido demostrar que funciona perfectamente en nuestra especie europea *H. guttulatus*.

FIGURA 9

Acuarios de reproductores de *Hippocampus guttulatus* en las instalaciones del Instituto de Investigaciones Marinas (CSIC) de Vigo.

El conocimiento de las características biológicas de una especie es esencial a la hora de establecer las mejores condiciones de cultivo. Uno de los aspectos más importantes es el de la alimentación. Los caballitos de mar son carnívoros, lo que exige un suministro constante de alimento vivo; este consiste en zooplancton, que puede ser cultivado, capturado en medio natural o congelado. El congelado es el habitual en los acuarios caseros, pero cuando se trata de ofrecer un alimento controlado desde el punto de vista nutricional y que satisfaga los requerimientos de la especie, es deseable que se suministren presas vivas de calidad, ya sea pescadas o cultivadas. El cultivo del zooplancton permite que este se pueda desarrollar con los alimentos más adecuados, particularmente en lo referente a ácidos grasos omega 3, componentes esenciales de los lípidos que los peces marinos no pueden producir y que necesitan ser incorporados con el alimento. Cambiando el del zooplancton podemos modificar hasta cierto límite su composición bioquímica y, como resultado de ello, también la de los caballitos y su estado nutricional.

La especie de zooplancton habitual en los sistemas de cultivo es la *Artemia*, un crustáceo que muchas veces debe suministrarse con otras presas como los misidáceos para conseguir una alimentación completa de los hipocampos. Cuando los caballitos no reciben una alimentación satisfactoria los resultados pueden ser nefastos. Además del posible desencadenamiento de enfermedades, la mala alimentación afecta sobre todo a la reproducción, pudiendo producirse recién nacidos de menor tamaño, con malformaciones o precoces. En este último caso los jóvenes caballitos nacen con la boca poco desarrollada, lo que les impide alimentarse. Para conseguir que la composición de las presas vivas sea la requerida se suele realizar lo que se denomina un enriquecimiento, es decir, dar a las presas una dieta rica en omega 3 que consiste en mezclas de aceites ricos en estos ácidos grasos o microalgas. La producción de alimento vivo es una parte muy importante en los sistemas de cultivo y muchas veces va acompañada también del cultivo de microalgas. Las zonas de producción de alimento vivo y de microalgas funcionan como si se tratara de una gran cocina con multitud de recipientes, utensilios y productos de distinta índole en la que el chef debe saber hacer muy bien su trabajo por las implicaciones que tiene en los procesos posteriores del cultivo.

Si la reproducción de los caballitos es exitosa, obtendremos recién nacidos de calidad que deben criarse en acuarios especiales. Como el número de recién nacidos es muy reducido comparado con otras especies de peces, se utilizan acuarios de tamaño pequeño/medio que raramente superan los 100 l de capacidad. Algunas especies de caballitos admiten la cría en acuarios convencionales como los que encontramos en las tiendas especializadas, pero no es la regla general en este grupo de peces, debido a ciertos problemas relacionados con su fisiología. De ellos, el más importante es el derivado de una hiperinflación de la vejiga natatoria. Los peces disponen de este órgano para controlar su flotabilidad y para que se desarrolle es necesario que capturen aire en superficie poco después de nacer. Si la entrada de aire es excesiva, la vejiga se infla demasiado y el pez flota, de manera que no puede moverse a su voluntad ni alimentarse. Hay especies de hipocampos particularmente sensibles a este problema, reduciendo de manera notable su supervivencia en los primeros días de desarrollo. Es el caso de *H. guttulatus*, en la que las mortalidades originadas por la hipertrofia podían llegar al cien por cien de mortalidad. Una manera de reducir el excesivo desarrollo de la vejiga natatoria es fomentando que el pez permanezca cerca de la superficie el menor tiempo posible. Esto se consigue utilizando acuarios especiales semejantes a los que posiblemente algún lector haya podido ver en un acuario de medusas. Se trata de acuarios circulares (generalmente denominados Kreisel) en los que se crea un movimiento rotatorio del agua de tal manera que el propio movimiento del agua se trasfiera a los peces y los arrastre desde la superficie del acuario hasta las zonas más profundas. En realidad para que el sistema de cultivo sea efectivo se requiere, además de un acuario apropiado, el ajuste adecuado de la aireación del acuario y del chorro de agua entrante. Si se consigue evitar este problema el factor más determinante del cultivo de los jóvenes caballitos es la alimentación, en la que se pueden incluir rotíferos y la ya mencionada *Artemia*, especies de zooplancton habituales en la cría de peces marinos, así como otras presas menos habituales como los copépodos. Estos últimos son mucho más difíciles de producir, pero ofrecen dos grandes ventajas: una mejor calidad nutricional y un amplio rango de tallas. Se obtienen mayores crecimientos y supervivencias cuando se incluyen los copépodos como parte de la alimentación inicial de los caballitos.

Los caballitos de mar son muy glotones en todas las fases de desarrollo, pero los jóvenes son los más voraces. Los recién nacidos ya son capaces de buscar alimento activamente e ingieren todo lo que encuentran mientras que esté vivo y les quepa en la boca. Si la presa es demasiado pequeña la descartan, prosiguiendo la búsqueda de otros organismos más grandes. Generalmente las capturan cuando estas están de frente, lo cual les permite ingerir presas muy largas. Muchas veces la eficiencia de la digestión es tan reducida durante los primeros días de vida que los caballitos necesitan comer permanentemente y la captura de alimento se realiza de manera desenfrenada, pudiendo llegar a ingerir una presa cada 5-10 segundos. Lógicamente, el tipo y la talla del alimento varía a lo largo del crecimiento, de ahí que periódicamente se suministren presas cada vez más grandes hasta que con dos o tres meses de edad ya se inicia el destete, que consiste en la sustitución progresiva del alimento vivo por alimento congelado. A esta edad los caballitos ya no son tan activos y el ritmo de alimentación se va reduciendo progresivamente, al tiempo que comienzan a desarrollar una vida más contemplativa mientras permanecen agarrados a un soporte y solo se distraen puntualmente con alguna presa que se ponga a tiro. A diferencia de otros peces, los caballitos de mar no se sienten atraídos por alimentos inertes (piensos), lo que aumenta el coste de su alimentación, que depende totalmente del zooplancton.

En algún momento del crecimiento, especialmente hasta los dos meses de edad, puede presentarse alguna enfermedad originada por bacterias o por algún parásito externo. Pero aunque existen productos comerciales para tratarlas y sobre todo prevenirlas, su eficacia en los caballitos es relativa. La mejor herramienta que se puede emplear es la prevención, basada en una buena calidad del agua y una buena alimentación.

El sector de la acuariofilia mueve anualmente miles de millones de euros; se trata de una actividad en la que están implicados muchos tipos de industrias (pescadores, productores y vendedores de animales y plantas, acuarios y componentes accesorios, sistemas de tratamiento de agua, equipos de iluminación, productores de alimentos y medicamentos, etc.). En el caso de los caballitos de mar no son muchas las especies disponibles en el mercado y solo unas pocas se crían en cautividad.

Figura 10
Juveniles de caballitos de mar producidos en las instalaciones del Instituto de Investigaciones Marinas (CSIC) de Vigo.

Juvenil 2 meses de edad
H. abdominalis

Juvenil 3 meses de edad
H. guttulatus

Juvenil 10 días de edad
H. guttulatus

El precio final que paga un aficionado por un ejemplar que ni siquiera alcanza la talla adulta es muy variable, y depende de la especie, pero no suele ser inferior a los 50 euros.

Dejando al margen la desaconsejable opción de adquirir ejemplares capturados en el medio natural, los criados en cautividad ofrecen una serie de ventajas con respecto a los salvajes si su destino final es un acuario. Las condiciones de transporte que utilizan muchos mayoristas para ejemplares recién capturados no son las más recomendables, de ahí que muchos de ellos lleguen a su destino en unas condiciones lamentables, lo que desencadenará enfermedades generalmente insuperables que podrán afectar al resto de sus vecinos en el acuario. Esto, unido a que estos ejemplares no están acostumbrados al alimento (generalmente congelado) que se utiliza en los acuarios, hace que la inmensa mayoría (más del 99%) muera antes de las seis semanas. Por el contrario, los peces de cultivo ya están perfectamente adaptados a ese tipo de alimentación y a los sistemas de acuarios, y si los controles sanitarios son los correctos, estarán exentos de enfermedades en el momento del transporte. Otra ventaja de los ejemplares criados es que pueden seleccionarse en función de su tamaño, variedad y color, lo que amplía la oferta para los potenciales compradores.

Aunque ya se haya señalado la importancia de la cría en cautividad como herramienta para la conservación, es necesario resaltar los beneficios que ofrece la disponibilidad de una técnica de cultivo y el abastecimiento con ejemplares producidos por ella, máxime si se trata de una especie protegida. Básicamente los beneficios son los siguientes: 1) mantener un banco genético de especies; 2) producir ejemplares necesarios para realizar actividades *ex-situ* de recuperación de poblaciones salvajes; y 3) suministrar ejemplares a los sectores demandantes (investigación, acuariofilia, grandes acuarios, museos, etc.) sin tener que recurrir a la captura de ejemplares salvajes. Desarrollar programas adecuados de cría en cautividad permitirá contribuir definitivamente a mejorar el estado de conservación de las poblaciones salvajes e, indirectamente, de los ecosistemas marinos asociados a ellas.

Glosario

Ácidos grasos omega 3: componentes que los peces marinos no pueden producir por sí mismos y que deben ingerir con la dieta. Son esenciales para el desarrollo de funciones básicas del organismo (cerebro, sistema inmune y sistema nervioso).

Anfípodos: pequeños crustáceos, en su mayoría marinos, cuya talla no suele superar los 15 mm. Los más comunes viven en el fondo y son nadadores.

Artemia: pequeño crustáceo que puede alcanzar los 2 cm de longitud. En acuicultura es una de las especies de alimento vivo fundamentales y resulta fácil usarla, ya que produce unos huevos denominados quistes que se pueden conservar en seco durante muchos meses. De estos quistes, mantenidos durante unas horas en ciertas condiciones de luz y temperatura, nacerá una pequeña *Artemia* (nauplio), de unos 0,4-0,5 cm de longitud, que es el alimento básico para muchas larvas de peces y crustáceos. Los nauplios se pueden engordar durante al menos dos semanas hasta conseguir una *Artemia* adulta.

Biología molecular: disciplina científica que estudia los procesos que se desarrollan en los seres vivos desde un punto de vista molecular.

Copépodos: crustáceos de gran importancia en la cadena trófica de los peces. Casi todos son marinos y planctónicos. La mayoría miden entre 1 y 5 mm.

Convenio sobre Diversidad Biológica (CDB): tratado internacional que tiene como objetivos la conservación de la biodiversidad, el uso sostenible de sus componentes y la participación justa y equitativa de los beneficios resultantes de la utilización de los recursos genéticos.

Demersal: que vive y se alimenta cerca o en el fondo del mar o de un lago.

Dimorfismo sexual: variaciones en la fisonomía externa, como forma, coloración o tamaño, entre machos y hembras de una misma especie. Las especies que presentan dimorfismo sexual se denominan dimórficas.

Embriogénesis (desarrollo embrionario): proceso de los seres vivos pluricelulares que transcurre entre la fertilización de los gametos para dar lugar al embrión hasta el nacimiento del nuevo ser.

Epifauna: fauna que vive encima o en las inmediaciones del sedimento o sustrato.

Fotoperiodo: es el ciclo de luz (número de horas de luz diarias) en el que se mantiene una especie en condiciones de cultivo. Generalmente se establece manteniendo un periodo diario de luz y otro de oscuridad.

Hábitat: lugar que presenta las condiciones apropiadas para que viva un organismo, especie o comunidad animal o vegetal y que le permiten residir y reproducirse, de manera tal que asegure perpetuar su presencia.

Larva: fase juvenil de los animales con desarrollo indirecto (con metamorfosis) y que tienen una anatomía, fisiología y ecología diferente del adulto.

Microalgas: algas microscópicas que constituyen el fitoplancton. Muy utilizadas en acuicultura y en otros sectores (cosmética y farmacia, producción de energía, alimentación).

Poligamia: sistema de apareamiento por el que un individuo de un sexo se aparea con más de uno del sexo opuesto. Se denomina poliginia cuando un macho tiene una relación exclusiva con dos o más hembras, y poliandria cuando sucede lo contrario.

Rotífero: animal de pequeño tamaño (100-500 micras) que forma parte del zooplancton. Es transparente y tiene una corona de cilios con los que selecciona y filtra su alimento. Junto con la *Artemia* es la presa viva que más se utiliza en la cría de larvas de peces.

Telemetría acústica en peces: consiste en implantar a los peces unos emisores que envían señales en una determinada frecuencia que serán recibidas por unos receptores situados estratégicamente en el fondo marino o en una embarcación. Permite localizar y detectar los movimientos de los peces.

Vejiga natatoria: órgano de la mayoría de peces óseos formado por una bolsa flexible llena de gas. Permite controlar la flotabilidad del pez a voluntad, llenándose o vaciándose a conveniencia.

BIBLIOGRAFÍA[1]

BLANCO, A. (2014): *Rearing of the seahorse Hippocampus guttulatus: Key factors involved in growth and survival*, tesis doctoral, Universitat de les Illes Balears, Palma de Mallorca.

CURTIS, J.M.R. (2004): *Life history, ecology and conservation of European seahorses*, PhD Thesis, McGill University, Québec.

FALEIRO, F. (2011): *A new home for the longsnauted seahorse Hippocampus guttulatus: Breeding in captivity to preserve in the wild*, PhD Thesis, Universidade de Lisboa, Lisboa.

GARRICK-MAIDMENT, N. (2003): *Seahorses: Conservation and Care*, Kingdom Books, Havant.

INDIVIGLIO, F. (2001): *Seahorses (A Complete Pet Owner's Manual)*, Barrons Educational Series, Nueva York.

KUITER, R.H. (2010): *Caballitos de mar, peces pipa y especies emparentadas*, M&G Difusion, Elche.

LOURIE, S.A.; FOSTER, S.J.; COOPER, E.W.T. y VINCENT, A.C.J. (2004): *A guide to the identification of seahorses*, Project Seahorse and TRAFFIC North America, University of British Columbia and World Wildlife Fund, Washington [disponible en https://cites.unia.es/cites/file.php/1/files/guide-seahorses.pdf].

OTERO-FERRER, F. (2012): *Seahorses in Gran Canaria Island (Spain): ecology and aquaculture - combined tools for marine conservation issues*, Universidad de Las Palmas de Gran Canaria.

---

[1] Mucha información sobre este grupo de peces está disponible en Internet. Hay páginas web que versan sobre diferentes aspectos, unos más científicos y otros de carácter más divulgativo. Al igual que ocurre con la literatura científica, en su mayoría están en inglés. Con el fin de satisfacer a todos los potenciales lectores de este libro, he realizado la siguiente recopilación variada de materiales de referencia.

PLANAS, M. (2011): "Proyecto Hippocampus: un puente entre la acuicultura y la conservación de la biodiversidad marina", en M. Rey-Méndez, C. Lodeiros, J. Fernández Casal y Á. Guerra (eds.), *XIII Foro dos Recursos Marinos e da Acuicultura das Rías Galegas*, 13, 81-92 [disponible en http://www.fundacionoesa.es/publicaciones/xiii-foro-dos-recursos-marinos-e-da-acuicultura-das-rias-galegas].

PROJECT SEAHORSE (2000): *Proceedings of the First International Workshop on the Management and Culture of Marine Species Used in Traditional Medicines*, en M.A. Moreau, H.J. Hall y A.C.J. Vincent (eds.), Project Seahorse, Montreal [disponible en http://idl-bnc.idrc.ca/dspace/bitstream/10625/30633/1/115769.pdf].

— (2005): *Husbandry in Public Aquaria 2005 Manual*, H. Koldewey (ed.), Project Seahorse [disponible en http://www.intaquaforum.org/hg_FAI_Syngnathid05.pdf].

SCALES, H. (2010): *Poseidon's Steed: The Story of Seahorses, From Myth to Reality*, Gotham Books, Nueva York.

Seahorse-Discover: Early reader's wildlife photography book (2014): Create Space Independent Publishing Platform, Charleston.

Seahorse-Kids Explore (2014): Create Space Independent Publishing Platform, Charleston.

Páginas web de interés

Actividades escolares: http://homeschooling.about.com/od/toppicks/tp/seahorsebooks.htm

Actividades turísticas con caballitos de mar y otros signátidos (Seahorse World): http://www.seahorseworld.com.au/

Acuarios Públicos: http://aquarium.ucsd.edu/Education/Learning_Resources/Secrets_of_the_Seahorse/index.html

Australian Museum: http://australianmuseum.net.au/Syngnathidae-Pipefishes-and-Seahorses

Facebook: Página dedicada a la cría de caballitos:
https://www.facebook.com/RearingSeahorsesAndTheirRelatives

Fusedjaw: http://www.fusedjaw.com/

Guía de buenas prácticas para comprar caballitos de mar: http://fusedjaw.com/aquariumcare/a-modern-guide-to-buying-seahorses/

Proyecto Hippocampus: http://www.iim.csic.es/proyectohippocampus/

Proyecto Hippocampus en Facebook: https://www.facebook.com/proyectohippocampus

Project Seahorse: http://seahorse.fisheries.ubc.ca/

Seahorse.org: http://www.seahorse.org/

Tiendas especializadas en caballitos de mar: http://www.tiendadecaballitos.es/ y http://seahorsebreeders.com/